鸡鸭鹅病
中西医防治实用技术

JI YA E BING ZHONGXIYI FANGZHI SHIYONG JISHU

敖礼林 编著

中国科学技术出版社
·北 京·

图书在版编目（CIP）数据

鸡鸭鹅病中西医防治实用技术 / 敖礼林编著 . —北京：
中国科学技术出版社，2017.6（2018.12 重印）
ISBN 978-7-5046-7481-4

Ⅰ. ①鸡… Ⅱ. ①敖… Ⅲ. ①鸡病—中西医结合—防治—图集
②鸭病—中西医结合—防治—图集 ③鹅病—中西医结合—防治—图集
Ⅳ. ① S858.3-64

中国版本图书馆 CIP 数据核字（2017）第 092655 号

策划编辑	王绍昱
责任编辑	王绍昱
装帧设计	中文天地
责任校对	焦　宁
责任印制	徐　飞

出　　版	中国科学技术出版社
发　　行	中国科学技术出版社发行部
地　　址	北京市海淀区中关村南大街16号
邮　　编	100081
发行电话	010-62173865
传　　真	010-62173081
网　　址	http://www.cspbooks.com.cn

开　　本	889mm×1194mm　1/32
字　　数	170千字
印　　张	7.25
版　　次	2017年6月第1版
印　　次	2018年12月第3次印刷
印　　刷	北京长宁印刷有限公司
书　　号	ISBN 978-7-5046-7481-4 / S・646
定　　价	24.00元

P*reface* 前言

在广大农村，养禽业发展越来越快，疫病的发生也日趋严重，如何更有效、方便地防治家禽疫病，已成为养殖成功和获得高效益的关键。许多养禽户防治禽病时过度依赖西医（药），导致病原微生物产生耐药性，有的成倍增加用药量也达不到防控效果，甚至完全无效，这不仅对家禽有害，还对人类健康造成威胁。如今人们对禽产品的质量要求越来越高，安全性已成首要问题，这就迫使养殖者必须选用无公害方法防治家禽疫病。中草药对家禽、人和环境多无害或毒性很低，或易降解，不易使病原产生耐药性，一些用西药难以防控的疫病用中草药见效很快。有的中草药在房前屋后都能找到，养殖户出门即可采得，方便、价廉。加上我国地域辽阔，有些偏远地区购买药品要到较远的乡镇或县城，容易耽误病情。不少基层养殖户文化水平不高，太专业或高深的养殖书籍一时理解不了，影响技术运用。本书删繁就简，直入正题，采用通俗易懂的方式介绍中西医结合防治禽病的实用技术方法。笔者长期在农村一线工作，对基层养禽户需要什么样的疫病防治技术有直接的了解，编写一本适合一线养禽者阅读使用的禽病防治图书，是笔者编写此书的初衷。本书的编写得到了樊泉源、陈禄仔、朱鸿云、钟标新、赵鸣侠、饶卫华和江西省奉新县畜牧水产局、奉新县老年科技工作者协会等专家、友人和单位等的关心、支持与帮助，在此表示谢意！本书编写过程中参考了一些同仁的资料，恕未一一列出，在此深表感谢！本人学识粗浅，书中如有不妥或谬误之处，请读者批评指正，以便日后加以修正。

编　著　者

Contents 目 录

第一章
禽病防治基础知识

一、禽病的发生及流行

（一）疾病的发生原因及种类

生产中常能听到有的养殖户说："我养的鸡、鸭、鹅'好好的'，怎么突然就生病死了，真倒霉"。事情果真如此吗？当然不是，家禽患病，很多时候是饲养管理、防疫工作等有欠妥或失误之处造成的。健康的家禽对疫病有一定的抵抗力，当某些因素（如环境、天气恶劣，饲料质量差等）使家禽体质变弱、抵抗力变差时，如遇病毒、细菌、真菌、寄生虫等的侵袭，机体出现紊乱，疾病就会发生。轻的影响生长、生产性能等，严重的会致死亡，造成较大损失。

家禽疾病种类繁多，依致病原因可分为传染病、寄生虫病和普通病三大类。由病毒、真菌、细菌等引起的疾病称为传染病，如禽流感、鸭瘟、小鹅瘟、禽霍乱、禽曲霉菌病等。绦虫、吸虫、线虫、球虫等引起的疾病称为寄生虫病。风、雨、雪、冰冻、营养不足或不全、管理不善、中毒等引发的疾病称为普通病，主要有禽中暑、异嗜癖、肉仔鸡腹水综合征、痛风、维生素缺乏症、药物中毒等，这些病家禽之间不会相互传染。

（二）传染病的传染过程

病毒、细菌、真菌等病原微生物侵入家禽体内，在达到一定数量或产生足够的毒素时才会引起禽体的系列病理反应，这就是感染。家禽感染某种病原微生物后，如出现该病的特有典型症状，这就是显性感染。家禽传染某种病原微生物后，不出现任何临床症状，称为隐性感染。隐性感染的家禽属亚临床状态，会不断排出病原体，若抵抗力下降，就会转为显性感染。病原微生物无处不在，禽体、水、空气、土壤、禽只排泄物、禽舍等处都有存在；有的家禽体内平时存有病原生物，健康时不表现致病性，若遇不利因素影响机体抵抗力下降，病原体就会被激活，加快繁殖，产生大量毒素，引起家禽发病，此称为内源性传染。病原是由体外侵入而致传染的，称为外源性传染。病原可通过病禽传给健康家禽，在禽群中**传播**、扩散和蔓延开来。病原微生物主要是经消化道、呼吸道、伤口、寄生虫、注射针孔等侵入禽体内。传染病的发生要具备适合的侵入途径、一定数量的致病微生物和毒力、家禽对病原有易感性及环境条件适宜病原微生物的侵入等条件。传染病的发展过程可分为潜伏期、初显期、明显期和康复期四个阶段。有的家禽感染病原微生物或染病耐过后，体内会产生免疫特异抵抗力，使其终身或一定时期内不会受同一病原微生物侵害。雏禽每只注射 0.5～1 毫升、成鸡和鸭每只注射 1～1.5 毫升、成鹅每只注射 2～2.5 毫升病愈和耐过禽血清，对同种病有较好的预防和治疗效果。禽群中总有一些个体相对于其他禽只易感病，这些个体称为易感禽群。禽群中易感个体越少，越不会引发传染病的发生和流行。养殖中如能设法减少易感禽的数量，尽力提高禽群的抗病和免疫力，就可有效控制传染病的流行。

病原微生物在病、健家禽间经由打斗、交配、啄羽等直接传染给易感禽只，称为接触性直接传播。病原微生物经由被污染的饮水、饲料、空气、运输车辆、土壤和工作人员、其他动物传播媒介等传染给易感禽群，称为间接接触传播。禽体内的病原微生物侵入蛋内，将病传给下一代，即为垂直传播。病原微生物经禽只直接接触或空气、寄生虫等媒介使其在同群禽或区域间传播，称之为水平传播。

传染病根据临床病情等可分为最急性、急性、普通性、慢性四种。高致病性禽流感、鸡新城疫等发病或流行初期，禽群发病急，病程短，有的不出现任何症状，几小时或1天内就突然在禽舍或放牧地死亡，病情呈最紧急性。禽霍乱、鸭病毒性肝炎等，病程一般3～5天或15～20天，症状明显而典型，病变明显且严重，病情属急性。普通病的病程多长达20～30天，临床症状介于急性和慢性之间。慢性病的病程可超1个多月，多不出现临床症状或症状不明显，如鸡的白血病等。

（三）寄生虫病的传染过程

由球虫、禽虱、绦虫、滴虫、蛔虫、线虫等引起的禽病称之为寄生虫病。禽寄生虫病有较强的传染性，造成的损失不小，千万不能轻视。自然状态下，多数家禽体内外有一种或数种寄生虫，不过一般家禽对多数寄生虫有程度不同的抵抗力，一般带虫而不发病。幼禽对寄生虫抵抗力弱，一旦被传染，有时会造成生长发育不良或死亡。家禽寄生虫侵染后是否发病，主要取决于寄生虫的数量、致病力和家禽的抵抗力。寄生虫的主要危害是造成机械损伤和摄取体内营养、组织、体液及分泌毒素等，同时作为媒介直接传播病原微生物，致家禽并发或继发感染，加重病情，使病情更趋复杂。由于家禽的品种、健康水平、饲养管理和年龄等的不同，其对寄生虫的易感性和抵抗力有较大差异。一些寄生虫专一性较强，只寄生一种或一类家禽，如牛、羊的寄生虫多不侵染家禽，猪的球虫不会感染鸡、鸭等，鸭、鹅的球虫也不会传染猪、牛等。水、温、气、光、声、饲料种类、土壤等外部环境对寄生虫是否侵害寄生也有很大的影响。有的寄生虫寄生家禽需要媒介的帮助，有的要在中间宿主体内生长发育并完成某个阶段才具侵染能力。多数寄生虫有卵、幼虫、成虫等几个发育阶段，它们某一个阶段需要在寄（宿）主体内或外部环境下生长、发育后才具侵染家禽的能力，否则就会失去侵染机会和能力。

二、禽病的综合预防

养殖户中，有不少人对禽病治重于防，有意或无意地忽视了平时的预防工作，感觉预防工作太烦冗，不易长期坚持，待家禽发病才着急治疗，多为时已晚。预防是防治家禽疾病的上策，发病后的治疗是别无他法的下策。家禽发病后，生长发育几乎停止，体重和产蛋会下降，饲料报酬几乎归零，损失不可避免。预防工作到位，许多疾病可避免或减轻发生，养殖效益可大幅提高。高致病性禽流感等一些重大疫病，免疫接种预防是最佳手段，这些病暂无有效治疗方法，发病造成的损失巨大，是养殖户难以承受的。做好禽病的预防应做好以下几点：

（一）科学选址与建场

1. 科学选址　养禽场（舍）要选建在地势较高、地下水位低、背风向阳、地势平阔、缓坡和空气清新处。地势低洼、风口、山谷、河滩、小盆地、地质不稳定和常有旱、涝之灾等处，不可建舍。鸭、鹅场（舍）周围要有河、水库、水渠、湖等，以利下水运动和觅食。鹅场（舍）四周除要有水塘、水库等外，最好有大片的草地、草坡或草滩，以供采食和栖息。山区或丘陵地区，禽场（舍）要选在地势相对平坦和向阳背风的地方，其阳光充足，冬暖而风小，对家禽养殖有利，也可避免山洪危害和污水排放，保持场（舍）内干燥。阴湿、低洼之地，寄生虫和微生物病原易滋生，传染病发生的风险较高。

养禽场不要选建在居民区、公路、铁路、工厂、学校、农贸市场、其他养禽场和禽产品加工厂等附近，距这些地方的距离应在

1000米以上，以减少疫病的传入和对环境的污染，也可避免环境对家禽正常生长、繁殖的影响。饮用水源地、居民居住地的上风向等处不要建场。要考虑交通便利，以利于禽产品和饲料等的运输，提高效率，降低成本。野禽集中栖息、越冬和相对较多的地方，不宜建场，以防传染病。没有水源、水源不足、水质欠佳或被污染等地，不宜建场。利用河、塘水源的应进行过滤和消毒处理，以确保家禽和工作人员的饮水安全。采用自来水的，应根据养殖的规模大小、用水量等埋设相应口径的水管。

　　禽场的生产、人员的生活都需要电力，电力供应不足、不稳定的地方也不宜建场。

　　禽场建造地应无养殖、工业、居民生活等的污染，土壤沙性或沙壤，疏松、多孔、透水、透气，有利降解粪水污染和促进饲草生长。鸭、鹅运动场土壤以沙性为宜。

　　2. 养禽场（舍）的建造　小规模、季节性、临时性的养禽，可在确保通风、采光、保暖、隔热等基本要求下，据情用砖、胶合板、草苫、隔热铁皮板等建设禽舍，不一定要配套，只建养殖区和饲料存放间、排水、排污沟和简单供水、供电等设施即可。

　　大中型和长期养禽场，要根据不同种类的禽建造与之相适应的固定禽舍。禽舍建设要配套，孵化室、育雏舍、育成舍、种禽舍、饲料间、人员居住和生活间、配电间、供水管线、禽运动场、隔离间、料槽等要统筹规划。水禽要建鸭（鹅）栏、水域栏等。排污沟和化粪池要同时配套建成。禽舍要考虑通风、透光、降温、保暖等。禽舍门窗要高低、大小、方位适中，能方便关启，外装钢丝纱窗（门），以防蚊蝇、鼠等。禽舍内要根据需要安装排风、降温电扇和增温保暖炉等。雏禽可采用网上、地面和笼养等，但以网上饲料为好，可分隔禽粪，清扫粪污也方便，更利于控制疫病的传播和病原体的滋生。所用建材要耐用、隔热、好用、经济和阻燃性好。大中型养鹅场还要考虑饲草地的建设，重点建设灌、排水沟和饲草运输道路等，以利保证饲草高产和及时收割、运输。

（二）禽舍清扫消毒和粪便处理

禽舍内及四周环境要经常清扫或用干净水冲洗，无疫病时一般2～3天清扫1次，发病或有疫情时每天清扫1次；特别是春、夏、秋季的高温、高湿、多雨季节，更应勤打扫粪便和更换垫料。清扫粪便时要周到、细心，扫净每个角落和生产工具上的粪污。禽场应做好平时的消毒工作，包括禽舍内外环境、工具及人员等的消毒，具体方法参见本章相关内容。更换垫料时应先运粪草后清扫，然后再换新垫料。稻草、麦秸等垫料要求新鲜、干燥、无霉烂。禽群中如有病禽或携带病原者，其粪便和分泌物中含有大量病原体，不及时扫除，就会传染给其他禽只，引发疾病。垫料是禽螨、球虫等最好的藏栖处，及时更换垫料可明显降低其基数，控制传播。鹅、鸭粪便如得不到及时清理，会随雨水、生活和生产用水排入池塘、水库、河流中，污染水源、恶化水质，还可能传播疫病。冲洗禽舍和四周的粪水要经专用排污沟引入密闭发酵池进行发酵处理，不可乱排滥放。

清扫出的粪便和更换的垫料要尽快运离养殖舍（区）至少1 000米处，不可露天堆放，应进行密封发酵处理，以防滋生蚊、蝇等。田间、地头等适合发酵处理禽粪和垫料处，先挖一深1～1.5米、长宽不定的坑，坑底和四周用砌砖并抹水泥，也可铺垫厚塑料薄膜，以防污水渗入地下。发酵处理禽粪时，先铺一层厚25～30厘米的粪便等，再撒一层生石灰粉（用量为粪便总量的2%～3%），如此一层层填满坑，最后用黏湿泥覆盖严实，也可用厚塑料薄膜全覆盖，四周用土压实。前几天堆内温度可达50～70℃，加上厌氧发酵，大部分寄生虫、细菌、真菌等会被杀灭。夏、秋高温季节，粪便经15～20天可发酵好，冬、春季经1个月左右可发酵好。发酵好的禽粪是上好的有机肥，可用于水稻、水果、蔬菜、棉花、花卉等的生产。

（三）严防疫病随禽（蛋）传入

传染病和寄生虫病的传播、扩散，引入禽（蛋）是主要的推手。已发病的家禽一般易于觉察，已感染病原但还在潜伏期的家禽难以肉眼辨别，易被引入，造成无穷后患。引入家禽（蛋）一定要到有资质和证照齐全的养殖场，事前进行多次考察、了解，查看疫病防控、用药等记录，确认无疫情方可引入。无资质、无证照或证照不全、无疫病防控记录或记录不全等小、中型养殖场（户）的家禽（蛋）不要引入。初养者引入家禽（蛋）应小批量试引、试养，成功养殖后再扩大规模。引入家禽（蛋）时，应请当地兽医主管部门进行检疫，取得检疫合格证、消毒证等后方可起运。凉爽天气或季节引入家禽（蛋）最好，多雨、寒冷、高温天气或季节不适合引入家禽（蛋）。家禽运达目的地后，要进行20天以上的隔离观察，确定无疫情才可进舍或并群饲养。引入的种蛋要经清洗、消毒后方可进行孵化。

（四）防治蚊、蝇、鼠害

蚊、蝇、鼠是许多家禽病原体的媒介或宿主，它们不仅烦扰家禽，叮咬、吸取血液等，传播病原体，老鼠还会直接咬食幼禽，有时一晚咬死几十只甚至上百只，危害极大。

为防蚊蝇进入禽舍，门、窗应安装钢丝纱窗，能很好阻隔蚊蝇进入禽舍，经济、高效。及时清除养殖区周围水沟、排污沟、水坑、粪便和杂草等，可减少蚊蝇的滋生。蚊蝇滋生的季节，禽舍内及周围要每隔3～6天喷洒1次灭蚊蝇药剂。苍蝇较少时，可在养殖舍内及周围放置一些粘蝇板，此法较环保。防治蚊蝇要选用无毒、无残留或高效、低毒的药剂，以确保禽、人及环境的安全。春、夏、秋季每隔20～30天在禽舍内及四周喷洒1次苏云金杆菌、球形芽胞杆菌等生物农药。

春、秋季是防治老鼠的最佳季节。用粘鼠胶、鼠笼、鼠夹、电猫捕鼠安全环保，但效果不尽理想。用鼠药毒杀，经济、速效、高效，但安全性、环保性欠佳，家禽误食会产生严重后果，应注意两者结合。灭鼠药物和器械等要布放在鼠洞附近和墙角、墙沿、饲料间、饲料槽等老鼠经常出没处，以提高灭鼠效果。

（五）人员、生产工具等的管控

养禽场工作人员进入养禽场（舍）前要换穿已消毒的衣、鞋、帽等并洗手消毒，否则不可进入，最好不要或尽可能少到活禽市场或其他养禽场串访、采购或参观。无关人员应禁止进入养殖场（区），以防带入疫病。进入养禽场（舍）的车辆和生产工具等都应事先消毒。零星或少量养禽也要做到人、禽分离，不可混处或同舍居住，以防传播疫病。

（六）药物预防

1. 西药预防   科学地在饮水或饲料等中添加抗菌或抗寄生虫药物，可较好地控制一些传染病和寄生虫病发生。5日龄以内的雏禽，让其自由饮用2～3次200毫克/升高锰酸钾溶液，对预防肠道病有较好效果。3日龄以内的雏鸡饮用150～200毫克/升环丙沙星或诺氟沙星液2～3天，可预防鸡白痢等。雏禽运入禽场（舍）后，要让其尽早饮用3%～5%葡萄糖水，每日3～4次，连用2～3天，可明显减轻早期死亡。注意平时一般不要用西药预防传染病，只有家禽体质弱、抵抗力差或周围有疫情时方可使用。过多使用不但会增加用药成本，还易使病原产生耐药性，禽的抵抗力也会削弱。

2. 中草药预防   中草药用于禽病的预防效果较好，毒副作用小，一般不会或不易使病原产生耐药性，降解快，没有或很少有药物残留。

（1）**预防病毒病**   ①葱叶、大蒜叶各适量切碎，拌入饲料中，让雏鸡自由采食，每周2～3次，可预防鸡新城疫。②水牛角粉、野菊花、板蓝根、大青叶、生地、党参、玄参、金银花各 300 克，甘草、黄连各 20 克，麦冬 45 克。适量水煎煮 1 小时，取药汁，加入凉开水 25 升，拌入 700～800 只成鸡饲料中，连用 3 天，对鸡传染性法氏囊病有较好的预防和治疗效果。③百部、金银花、连翘、板蓝根、知母、栀子、黄芩、杏仁、甘草各等份。将上述药干燥后混合研成粉末，按 1% 混饲喂鸡，连用 3 天，可预防和治疗鸡传染性支气管炎。④黄芪 60 克，党参 60 克，肉桂 20 克，槟榔 60 克，贯众 60 克，何首乌 60 克，山楂 60 克。共研成粉末，混拌入 100 只成鸡饲料中，每日 3 次，连用 3～4 天，对鸡痘的预防保护率可达 90%～95%。

（2）预防细菌病　①按成鸡每只每天 1 克的量将生葶苈子粉拌入饲料中，连用 3 天，预防鸡霍乱效果好。②白术 15 克、白芍 10 克、白头翁 5 克。共研成粉末，按每天每只鸡 0.2 克的量拌饲，连用 7 天，预防鸡白痢。③葛根 350 克，黄芩、苍术各 800 克，黄连 150 克，生地、丹皮、厚朴、陈皮各 200 克，甘草 100 克。共研成粉末，拌 100 千克饲料喂鸡，连用 3 天，可有效预防和治疗大肠杆菌病。

（3）预防真菌病　①按每只鸡 5 克的量在饲料中拌入大蒜，每日 2 次，连用 2～3 天，能较好预防和治疗鸡曲霉菌病。②金银花 30 克，连翘 30 克，莱菔子（炒）30 克，黄芩 15 克，柴胡 18 克，丹皮 15 克，桑白皮 12 克，枇杷叶 12 克，甘草 12 克。加适量水煎汁，取汁 1 升，每日分 4 次拌入 500 只鸡饲料中，每天 1 剂，连用 4 天，可预防和治疗鸡曲霉菌病。

（4）预防寄生虫病　①旱莲草、地锦草、鸭跖草、败酱草、翻白草各等份。用适量水煎汁，20 日龄鸡按每只鲜品 6 克、1 月龄鸡按每只鲜品 8 克拌料喂鸡，可预防球虫病。

（5）抗应激　①酸枣仁粉末按 0.5%～1% 混饲，连用 3～5 天，可抗鸡应激。②黄芪研成粉末，混饲，按每只仔鸡每天用药 1 次，每次 1 克，连用 4～5 天，可增强抗应激和免疫力。

（七）病死家禽无害化处理

病死家禽尸体内含有大量病原微生物，是危险的疫病传染源之一。养禽户，特别是中小养禽户随意丢弃病死禽尸的现象时有发生，这种行为应坚决禁止。病死禽不可上市或经加工后销售。病死禽尸要及时用塑料袋装好密封，尽快运离距养殖场（舍）500米外，挖深1.5米以上的坑掩埋。掩埋禽尸时，先在坑底撒一层生石灰，接着倒入禽尸并在其上撒上一层生石灰粉，填土并压实。禽尸源地、运输工具、操作者等事后都要进行消毒，以免病原扩散。大型养禽场如有条件，可设中型专用焚尸炉，随时火化病死禽尸。

（八）洪灾后家禽疫病防控要点

洪灾全国不少地方每年都有发生，特别是南方尤为严重。洪灾不仅毁损禽舍、冲走禽只，洪灾过后还常致禽病暴发流行，引起家禽大批发病或死亡，造成巨大损失。

1. 清理禽舍，消毒灭源 洪水退后要彻底打扫禽舍，用水反复冲洗地面、墙壁、笼具等上的粪便和污泥，接着将清洗好的用具等移至室外在阳光下暴晒3～4天，然后用2%氢氧化钠（烧碱）或10%生石灰加1%氢氧化钠混合液喷洒墙壁、地面、禽舍空间、禽笼和其他用具；也可喷洒3%来苏儿或0.02%～0.03%过氧乙酸液密闭禽舍消毒1～2天。禽舍四周和禽舍外墙面也要彻底清扫，将禽粪等污物运至距禽舍500米外深埋、焚烧或堆积密封发酵进行无害化处理。禽舍四周和外墙面清扫后及时喷洒2%～3%氢氧化钠或0.02%～0.03%过氧乙酸等消毒。清扫、冲洗和消毒必须仔细，不留死角。

2. 抓实疫苗的接种和补种 洪水中病原微生物会随洪水进入到禽舍的每一个角落，很难彻底清除，加上受淹家禽体质和抗病力下降明显，极易引起新城疫、禽流感、禽霍乱和禽大肠杆菌病等疫病的发生，所以，洪灾后一定要及时做好疫苗接种或补种工作。疫苗接种或补种应在家禽重新入舍之前完成；接种要严格按操作规程进行，做到不漏舍（笼）、不漏禽、不空针和按剂量注射疫苗。2月龄以上鸡群可皮下或肌内注射鸡新城疫Ⅰ系苗0.1毫升；2月龄以内的鸡群可按说明书方法采用饮水、点眼、滴鼻免疫，加倍量紧急接种鸡新城疫Ⅳ系苗。洪水若发生在气温比较低的时候，应对禽群接种相应病毒株型禽流感油乳剂灭活疫苗，一次性肌内注射，2月龄以上鸡接种0.5毫升，2月龄以下鸡0.25毫升，鸭1毫升，鹅2毫升。可按0.02%比例在饮水中加入敌菌净，连用3天；或按0.025%～0.06%比例在饲料中拌入金霉素等，连用3～4天，对大肠杆菌病和禽霍乱等有较好的预防和治疗效果。此外，在饲料中添加亚硒酸钠（肉鸡、雏鸡1000千克饲料拌入150毫克，育成鸡、产蛋鸡、种母鸡1000千克饲料拌入100毫克）和维生素E（1000千克饲料拌入5～8克）等，可显著提高家禽的免疫力。

3. 防饲料霉变　洪灾后往往高湿、高温，饲料稍有管理不慎就会产生霉变，饲喂家禽极易造成中毒甚至死亡。预防饲料霉变可采取以下措施：①不要一次进大量饲料，以缩短饲料的存放时间。②将饲料存放在高燥、清洁、不被水淹和空气流通的地方。③每100千克饲料中拌入50克丙酸钠或100克丙酸钙，可防霉变。④每1000千克饲料中拌入0.5千克克霉净，可保饲料2个月不霉变、不结块。⑤如饲料已发生霉变，应尽量不用或进行脱毒处理后再使用。常用脱毒方法有：将霉变饲料倒入锅中，加水煮40～60分钟，捞起后用清水淘洗几次，沥干后与好饲料搭配使用。将霉变饲料的含水量调至15%～20%再倒入缸中，通入氨气，密封12～15天后晒干使用。将霉变饲料浸没于1%蔗糖液中10～14小时，捞起后用清水冲洗，晒干后使用。

4. 保证供应清洁饮水　洪水过后往往水源被严重污染，很难找到清洁饮水，这也是造成洪灾后家禽疫病暴发的重要原因之一。为保证家禽能饮用到洁净水，可用2.75%百菌消按1∶2500稀释或漂白粉按每1000千克水加入7～10克进行饮水消毒。在饮水消毒的同时，每天还要对饮水器和水槽等消毒 1 次。为增强家禽的体质，提高抗病力，可按说明书在饮水中加入速补 -18 或速补 -14 等。

5. 补充维生素，增强家禽抗病能力 洪灾后，适量补充维生素 A、维生素 E、维生素 D、B 族维生素等，可以增强家禽体质和抗病能力。乳酸杆菌制剂、双歧杆菌制剂和芽胞杆菌制剂等可抑制大肠杆菌、沙门氏菌等肠道病菌，调节家禽体内的微生态环境，起到抗病、提高饲料利用率的作用，可按饲料量的 0.1%～0.2% 拌料饲喂。

三、消毒剂的选择和常用消毒方法

（一）消毒剂的选择

1. 化学消毒剂

（1）**氧化钙** 也叫生石灰，可杀灭真菌、细菌和部分寄生虫，但杀不死芽胞。加水配成 10%～20% 石灰乳，可浇（泼）涂刷禽舍墙壁四周、地面、生产工具、料（水）槽等。生石灰粉常撒于禽舍、四周地面、出入口等。已吸收二氧化碳变成了碳酸钙的陈石灰无消毒作用。

（2）**氢氧化钠** 可杀灭真菌、细菌、病毒、寄生虫及卵等，主要用于禽舍、场地、生产用具等消毒。此药有腐蚀和刺激性，使用时要注意不要直接与人、家禽接触，否则要及时用清水冲洗干净。使用时一般配成 1%～3% 溶液。

（3）**福尔马林** 为 30%～40% 甲醛溶液。它对真菌、细菌、病毒、芽胞等有很好的杀灭作用，使用方法有禽舍、工作间、孵化房、生产工具等的熏蒸和浸泡、喷雾消毒等，常用水溶液浓度为 10%～20%。禽舍熏蒸消毒时，禽舍温度等不可低于 15℃，空气相对湿度 68%～85%，福尔马林用量为 30～40 毫升 / 米^3，加水 6～7 毫升，投入高锰酸钾 15～20 克，密闭熏蒸 12～24 小时，后开窗换气，待药物散去再进禽。种蛋熏蒸消毒时，福尔马林用量 27～30 毫升 / 米³，加水 5 毫升、高锰酸钾 15 毫克，密闭熏蒸 20～30 分钟，药味散去可入孵。

（4）**漂白粉** 可杀灭细菌、真菌、病毒和芽胞等，常用于禽舍、环境、用具、污水等的消毒，也可用于饮水的消毒。它的有效氯含量为 25%～32%，一般配成 5% 水溶液用于禽舍消毒等。饮水消毒时，液度为 5～8 毫克 / 升。用于污水消毒时，浓度为 8～10 毫克 / 米³。

（5）**高锰酸钾** 对细菌、病毒、真菌有较好杀灭效果，主要用于生产用具、料槽和饮水、用具、创面和消化道等的消毒。用于饮水消毒，浓度为 0.01%～0.02%；创面消毒，浓度为 0.1%；用具消毒，浓度为 0.2%。

（6）**过氧乙酸** 是广谱杀菌、消毒剂，可杀灭细菌、真菌、病毒和芽胞等，用于禽舍、料槽、生产用具、车辆、环境等的消毒。禽舍带禽喷雾消毒的用药浓度为 0.2%。用具和人手消毒时，浓度为 0.04%～0.2%。用于舍内四周、地面、空气、工具等消毒时，浓度为 0.5%。饮水消毒时，浓度为 0.1%。

（7）**来苏儿** 可杀灭细菌、真菌、病毒等，但对芽胞无效，用于禽舍、环境和用具等的消毒。用于工作人员洗手消毒，浓度为 1%～2%。禽舍、地面、用具、车辆等消毒，浓度为 3%～5%。本药剂有臭味，不可用于禽蛋、禽产品库房、禽体表等的消毒。

（8）**百毒杀** 是广谱灭菌剂，可杀灭细菌、真菌、病毒、藻类等，用于禽舍、地面、生产用具、车辆及饮水、种蛋等的消毒。禽舍、地面、环境、生产用具、车辆、种蛋等喷雾消毒时，每 10 升水中加含量 50% 的本药 3 毫升。饮水消毒时，每 1 000 升水加入此药 60～100 毫升。用于生产用具浸泡消毒时，每 10 升水中加本药 3～5 毫升。

（9）**灭毒霸** 为广谱杀菌剂，可杀灭细菌、真菌、病毒、藻类等，用于禽舍、地面、环境、生产用具、饮水等消毒。用于禽舍、地面、种蛋、用具等消毒时，按 1∶1 500～2 000 稀释。有疫情时用于紧急消毒，按1：1000～1500稀释。用于预防性的消毒，按1：1000～2000稀释。

（10）**抗毒威** 是广谱消毒剂，可杀灭细菌、真菌、病毒等，用于禽舍、地面、环境、用具、饮水等的消毒。用于禽舍、地面、用具等消毒时，按1：400稀释。用于饮水消毒，按1：5000稀释。

（11）**爱迪伏** 是广谱、高效、长效杀菌剂，无毒、无腐蚀和刺激性，可杀灭细菌、病毒和芽胞等，用于禽舍、环境、生产用具、地面、饮水、种蛋、禽舍、地面、环境、车辆等消毒，稀释成20倍液，用喷雾器喷洒。用于用具、种蛋等消毒，稀释成15～20倍液，洗刷或浸泡几秒钟即可，不必再用水冲洗。

（12）**碘酊** 可杀灭细菌、真菌、病毒和芽胞，用于注射部位、伤口等涂搽消毒，常用浓度为5%。

（13）**水易净**1000 是高效、广谱消毒剂，可杀灭细菌、真菌、病毒等，用于禽舍、地面、环境、饮水、人员、车辆等消毒。饮水消毒，1片，溶于1500～2000升水中，30分钟后可饮用。带禽消毒，1片溶于30升水中，喷洒。用于禽舍、用具、环境等消毒，1片溶于20～30升水中，喷洒。消毒池消毒，1片溶于15升水中，每3天更换1次药液。

（14）**酒精** 可使细菌、真菌、病毒等失去活性，但对芽胞无效。常用浓度为20%～25%，用于注射部位、皮肤、针头、器械表面和手部等的消毒。

（15）**农福** 是高效、广谱消毒剂，可杀灭或抑制细菌、真菌、病毒、寄生虫卵和蚊蝇等滋生，消毒对象为禽舍、地面、环境、用具、车辆等。禽舍、地面、环境、车辆、禽粪等采用喷洒消毒，生产用具、饮水罐等用浸泡消毒。用药浓度为1%～1.5%。

（16）**新洁尔灭** 可杀灭细菌、真菌和芽胞等，对病毒作用不理想，用于禽舍、地面、环境、皮肤、伤口等消毒。用于禽舍、地面、环境、车辆等喷洒消毒，浓度0.05%～0.2%。用于创口冲洗消毒，浓度0.01%～0.05%。用于皮肤等消毒，用0.1%水溶液。

2. 中草药消毒

①干艾叶 10 克，干苍术 40 克，干石菖蒲 10 克。此为 30 米^2 禽舍消毒用药量，混合粉碎备用。此剂熏烟消毒可杀灭禽舍内、禽体上、地面、生产设施等上的细菌、真菌、病毒和一些寄生虫等，还能除臭味，每隔 5～6 天用药 1 次；发生疫情时每天用药 1 次。禽入舍后或夜间用，带禽消毒，刺激性小，不伤眼、喉。将药与适量锯木屑或谷壳等混合，放于金属盆内，点燃，密闭熏烟 30～40 分钟后开门窗散烟。

②大蒜捣成泥或切细碎，按 1%～2% 拌料喂禽，连用 3～4 天，可预防和治疗鸡白痢等肠道传染病。

③艾叶、苍术、大青叶或大蒜茎叶各等份，熏烟可杀灭细菌、真菌、病毒和部分寄生虫等。禽入舍后或夜间，根据禽舍大小取适量粉碎混合后的药物，加入适量锯木屑等，放于地面或金属盆内，密闭门窗，点燃熏烟 40 分钟至 1 小时后开窗散烟。无疫情时每隔 5～6 天用药 1 次，有疫情时每天用药 1 次。

（二）常用消毒方法

1. 养禽场（舍）用具和车辆消毒　养禽场四周应砌围墙并设大门。外来人、动物严禁进入养禽场。禽肉及其制品等也不能带入养禽场。车辆、用具进入禽场舍时要喷洒 3%～5% 来苏儿或 15%～20% 漂白粉混悬液等消毒，车轮经过 2% 氢氧化钠或 20% 生石灰消毒池。禽舍消毒前，先彻底清除地面、窗台、屋顶、支架、设备、料（水）槽等处的污物及垫料、尘土、粪便和羽毛等，后用高压水枪由上而下、从内到外冲洗。设备、料（水）槽等清洗后应搬阳光下暴晒 2～3 天。禽舍冲洗后开窗干燥 2～3 天，再用 20% 生石灰乳粉刷。禽舍地为土地的，可刨去表层污染土后再撒生石灰消毒。禽舍彻底清洗（扫）后，要全面喷洒 3% 氢氧化钠、1∶300～400 抗毒威、1∶3 000 百毒杀等任意一种消毒剂（剂量 1～2 千克/米^2），再干燥 2～3 天。所有设备搬入禽舍后再关闭门窗用甲醛进行熏蒸消毒，方法是用福尔马林 42 毫升 / 米³、水 21 毫升、高锰酸钾 21 克，熏蒸 24 小时，之后通风 12 小时再进禽（进禽前不可再进人）。

2. 带禽消毒　首次带禽消毒最小日龄不可低于 10 天。大中型禽场 50 日龄前每 7 天消毒 1 次，育成禽 10 天消毒 1 次，成禽 10 ～ 15 天消毒 1 次；发生疫情时每天可消毒 1 ～ 2 次。带禽消毒时舍内温度以 22 ～ 25℃为宜。消毒时喷头不可直射禽体。疫苗免疫前后各 1 天不可带禽消毒。带禽消毒用过氧乙酸时，育雏期限用浓度为 0.1%，育成期和成禽为 0.3% ～ 0.4%；如用菌毒敌，育雏期浓度为 1∶300，育成期和成禽为 1∶250。喷洒量为育雏期 30 毫升 / 米³，育成期和成禽 50 ～ 60 毫升 / 米³。

3. 笼具、食（水）槽消毒　笼具用 10% 漂白粉混悬液或 2% ～ 3% 来苏儿表面喷洒消毒，后用高压水枪洗净，干后放密闭室内用福尔马林熏蒸 8 ～ 10 小时。料（水）槽每天用 2% 氢氧化钠溶液冲洗后再用清洁水洗刷。

4. 饮水消毒　①煮沸消毒。②每升水中加入 0.5 ～ 1 克漂白粉或 50 ～ 100 毫克百毒杀消毒。若为水质好的井水或自来水，可按 0.02% 比例加入高锰酸钾后饮用。

5. 孵化室（箱）和种蛋消毒　孵化室（箱）先用 0.1% 新洁尔灭或 0.2% ～ 0.5% 过氧乙酸洗刷，之后密封（闭）用福尔马林熏蒸消毒 8 ～ 10 小时。种蛋应先清洗干净后再消毒，其方法有：①将洗干净的蛋放入 45℃的 0.1% 高锰酸钾中浸泡 3 ～ 5 分钟，之后用消毒纱布抹干。②将种蛋洗净放入 20℃左右的 0.1% 新洁尔灭中浸泡 5 ～ 10 分钟，之后捞出放密闭箱（室）内用福尔马林熏蒸消毒 30 分钟。③将种蛋浸入漂白粉 1 千克、水 100 升配成的溶液中 5 分钟。④用 0.5% 新洁尔灭喷雾消毒洗净种蛋。

6. 水禽放养水体的消毒　水禽最好选有流水水面的地方建舍和饲养。没有流水的静水面，也应有水源补充和更换；池塘水一般 6 ～ 7 天换注 1/3 左右新水，夏、秋季每隔 3 ～ 4 天换注新水

1/4～1/3。此外，每隔6～7天每667米²应用生石灰15～20千克对水均匀泼施消毒，可消灭大量水禽体表和水中的病原，使水质得以净化。

7. 注射器消毒 ①将注射器、针头放入盛有冷水的铝盒内，煮沸20～30分钟，冷却后供当日用。②将注射器、针头用0.1%新洁尔灭浸泡30分钟，后用生理盐水冲洗后再用。③将注射器、针头放高压锅内（压力6.8千克/厘米²）灭菌15～20分钟。④将注射器及针头放蒸笼内蒸15～20分钟。

8. 工作服及工作人员消毒

（1）工作服消毒：①衣、帽等每周洗涤消毒1～2次。②夏天将洗净的衣、帽等放在阳光下暴晒6～8小时。③将工作服浸入40%碳酸钠或0.1%新洁尔灭中30分钟，后洗净晾干。④将洗净晾干衣、帽等挂紫外线灯下照射20分钟以上。

（2）工作人员消毒：工作人员进入禽舍前必须在更衣室内淋浴，后换穿消毒好的衣、帽、鞋，洗手消毒后再进入生产区，出生产区后再换衣、帽、鞋等消毒。有条件的，换衣、帽、鞋之后，还应在紫外线照射室照射10～15分钟后再进入生产区。

9. 禽粪消毒 ①将禽粪及垫料高温焚烧。②粪便及时挖坑掩埋。③在离禽场500～1 000米外，于晴天将禽粪薄薄铺于旱地（667/米²铺2 000～3 000千克），利用阳光消毒。④在禽场500米外挖一处长、深各2米左右的池子，每天将禽粪、垫料等垃圾倒入池内，倒满后用泥或厚塑料薄膜封严，过2～3个月后作肥料用。

10. 污水消毒 将污水引入池中，按每升水加入漂白粉5克搅拌，过2～3小时可达消毒目的。

11. 病死禽的消毒 无治疗价值、即将病死、不可以治疗（高致病性禽流感病禽）的家禽及禽尸等，要尽快扑杀、收捡并进行掩埋等无害化处理，以利控制疫情。禽尸掩埋地要远离居民区、禽舍、水源地和道路等500米以上，选一地势较高和偏僻处，挖一深1.5米以上、长和宽视情况而定的坑，先在坑底撒一层厚3～5厘米的生石灰粉，接着将禽尸投入其中，最后再撒上一层生石灰，填上土并压紧实。有条件的养殖户可用焚烧和化制等方法处理禽尸。参与禽尸处理的人员和用具等事后也要严格消毒。

四、常用疫苗及免疫方法

（一）常用疫苗

1. 病毒疫苗

（1）新城疫疫苗

①新城疫无毒力活疫苗。用于不同日龄肉、蛋鸡的首免和二次免疫，接种后6天产生免疫力，免疫期4个半月。按使用说明稀释，点眼、点鼻每只鸡0.05毫升，饮水、喷雾每只鸡0.1毫升。此疫苗在0～4℃下保存。

②新城疫Ⅰ系弱毒疫苗。用于已接种鸡新城疫Ⅱ系或Ⅳ系弱毒疫苗2月龄以上的鸡。按使用说明稀释，每只鸡皮下或胸部肌内注射0.1毫升，3～4天产生免疫力，免疫期3个月。

③鸡新城疫Ⅳ系弱毒疫苗。用于预防不同日龄鸡和其他家禽的新城疫。按要求稀释，幼鸡采用点鼻、点眼、饮水等免疫接种，免疫期3个月。

④新城疫中等毒力活疫苗。用于接种过鸡新城疫弱毒活疫苗的2月龄以上鸡和已发生新城疫鸡群的紧急接种，接种3天后产生免疫力，免疫期8～12个月。按要求稀释，每只鸡皮下或肌内注射1毫升，雏鸡点眼每只0.05毫升。

⑤新城疫、传染性支气管炎、鸡痘三联活疫苗。用于7日龄以上健康鸡。按要求稀释，每只鸡翅膀皮下注射0.1毫升，雏鸡点眼每只2滴并在翅内侧刺2针；第一次接种20天以上再补种1次。

⑥新城疫油乳剂灭活苗。2周以下鸡每只皮下或肌内注射0.2毫升，并点眼或滴鼻稀释15～20倍的Ⅱ系弱毒活苗1～2滴，免

疫期 2～4 个月。7～10 日龄肉鸡采用以上方法免疫 1 次，能保护到上市。没接种过弱毒疫苗 2 周龄的鸡，每只注射本疫苗 0.5 毫升，免疫力 2 天后可产生，免疫期 10 个月。接种过弱毒活疫苗和本疫苗的蛋鸡，开产 2～3 周前每只再注射此疫苗 0.5 毫升，整个产蛋期可得到保护。

⑦新城疫、传染性支气管炎、传染性法氏囊病、产蛋下降综合征四联苗。每只鸡皮下或肌内注射 0.5～1 毫升；用于 18～20 周龄开产前的种母鸡强化免疫，可保护整个产蛋期，抗体可经种蛋传给下一代雏鸡 2 周。

（2）禽流感疫苗

①禽流感双价灭活苗。用 H_9、H_5 亚型禽流感毒株制成，4 周龄以上鸡每只注射 0.5 毫升，2～4 周龄鸡每只注射 0.3 毫升。

②禽流感油乳剂灭活疫苗（H_9 亚型）。预防时，2～4 周龄鸡每只注射 0.3 毫升，4 周龄以上鸡每只注射 0.5 毫升，保护期 4～5个月。

（3）传染性法氏囊病疫苗

①传染性法氏囊病油乳剂灭活疫苗。用于不同年龄鸡，特别适用于无母源抗体的雏鸡和产蛋前的母鸡。18～20 周龄种母鸡每只皮下或肌内注射 1.2 毫升。作为基础免疫，10～15 日龄和 28～35月龄的种母鸡要各接种 1 次传染性法氏囊病活疫苗，后接种 1 次本疫苗，母源抗体可经种蛋（1 年内所产蛋）传给下一代雏鸡 14 天。接种疫苗后 10～14 天产生抗体，种鸡保护期 20～24 周，10～15日龄鸡保护期 2～3 个月。2～8℃条件下本疫苗可贮藏 6 个月。

②传染性法氏囊病低毒力活疫苗。本疫苗最适用于无母源抗体雏鸡的第一次免疫。免疫方法有饮水、点眼、肌内注射等，使用剂量按产品说明书。饮水免疫前停止供水 4～8 小时。

③传染性法氏囊病、病毒性关节炎二联灭活苗。此疫苗用于首免、二免都可，15～20 周龄种鸡每只皮下注射 1 毫升。

④传染性法氏囊病中等毒力活疫苗。不同毒株的疫苗免疫作

用亦不同，有的既可用于无母源抗体的雏鸡，又可用于有母源抗体的雏鸡，有的只可供有母源抗体的雏鸡使用。免疫方法可采用饮水、点眼、口服等，接种剂量按使用说明。第一次免疫对象为7～14日龄鸡，隔7～14天后行第二次免疫。鸡群阳性率50%以上时，第一次免疫为21日龄鸡，隔7～14天行第二次免疫。

（4）马立克氏病疫苗

①马立克氏病火鸡疱疹病毒活疫苗。预防鸡马立克氏病，1日龄鸡接种效果最好，2～3日龄鸡效果次之，皮下和肌内注射都可，每只鸡接种0.2毫升；接种14天后产生免疫力，保护期1年。

②马立克氏病2型冷冻疫苗。本疫苗预防雏鸡马立克氏病效果好，安全性高，能抗超强毒株的感染。1日龄健康鸡，每只皮下注射0.2毫升，接种后8～10天产生免疫力。

③火鸡疱疹病毒、SB-1双价疫苗。此疫苗可预防马立克氏病强毒和超强毒，能抗母源抗体并很快产生免疫效果。1日龄健康鸡，每只皮下注射本疫苗0.2毫升，也可接种于种蛋内。

④马立克氏病、传染性法氏囊病二联疫苗。此疫苗可有效预防鸡马立克氏病和传染性法氏囊病，1日龄健康鸡每只皮下注射0.2毫升。

（5）传染性支气管炎疫苗

①传染性支气管炎活疫苗。初生雏鸡用H_{120}疫苗，1月龄以上鸡用H_{52}疫苗。可采用饮水和滴鼻免疫，使用剂量按使用说明，免疫5～8天产生保护力，H_{120}疫苗保护期2个月，H_{52}疫苗保护期6个月。

②鸡传染性支气管炎油乳剂灭活苗。可预防各年龄鸡传染性支气管炎，1个月内的雏鸡每只皮下或肌内注射0.3毫升，成年和青年鸡每只0.5毫升，保护期4个月。

③鸡肾型、呼吸型传染性支气管炎二价活疫苗。可预防鸡呼吸型和肾型鸡传染性支气管炎，饮水、滴鼻均可，免疫对象为21日龄以上鸡，使用剂量按使用说明。

（6）传染性喉气管炎疫苗

①鸡传染性喉气管炎油乳剂灭活苗。可用于各年龄鸡，采用皮下和肌内注射，30日龄鸡每只注射0.3毫升，成年和青年鸡每只注射0.5毫升，免疫期为2～4个月。

②鸡传染性喉气管炎弱毒灭活疫苗。此疫苗用于35日龄以上鸡，点眼免疫，蛋鸡产蛋前3～4周加强免疫1次，保护期6个月。剂量按使用说明。

（7）鸡病毒性关节炎油乳剂灭活苗　用于2月龄以上的蛋、肉鸡，每只鸡皮下或肌内注射0.5毫升，免疫期4～6个月。

（8）鸡产蛋下降综合征油乳剂灭活疫苗　蛋鸡或种鸡于产蛋前2～4周每只肌内注射本疫苗0.5毫升，保护期6个月。

（9）禽脑脊髓炎灭活油乳剂疫苗　用于2月龄以上肉、蛋鸡，每只鸡皮下或肌内注射0.5毫升，免疫期6～7个月。

（10）鸡痘鹌鹑化弱毒活疫苗　用于20日龄以上鸡，翅内侧皮下刺种免疫，第一次免疫后2个月再刺种免疫1次，接种10天后可产生免疫力，保护期2～5个月。

（11）雏鸭肝炎弱毒疫苗　先按要求稀释疫苗，1日龄鸭每只皮下注射0.1毫升；种鸭在产蛋前10～14小时每只肌内注射0.5毫升，3～4个月后再注射1次，其后代雏鸭可获得被动免疫。1日龄雏鸭接种本疫苗后，保护期1个月。

（12）雏番鸭细小病毒弱毒活疫苗　用于未免疫番鸭后代的预防免疫。出壳后48小时内的雏番鸭，每只皮下注射稀释好的疫苗0.2毫升，7天后产生免疫力，保护期6个月。

（13）鸭瘟鸡胚化弱毒疫苗　20日龄以上鸭每只皮下或肌内注射已稀释好的疫苗1毫升，5～7天产生免疫力，保护期6～9个月。

（14）小鹅瘟疫苗

①小鹅瘟鹅胚弱毒疫苗。用于母鹅产蛋前，雏鹅可获得被动免疫。按产品说明书稀释，母鹅产蛋前2周每只肌内注射1毫升，1～7炕内的雏鹅可获免疫力，超过7炕的母鹅所产雏鹅要紧急预

防接种小鹅瘟雏鹅苗。

②小鹅瘟雏鹅苗。用于未免疫接种种鹅的后代雏鹅。出壳 24 小时内的雏鹅，每只皮下注射稀释好的疫苗 0.1 毫升，7 天后产生免疫力。

（15）**鹅副黏病毒油乳剂灭活疫苗**　14～16 日龄鹅每只皮下或肌内注射 0.3 毫升，青年和成年鹅每只肌内注射 0.5 毫升，免疫期 6 个月。

2. 细菌疫苗

（1）**禽多杀性巴氏杆菌活菌苗**　预防禽霍乱，适用对象为 1 月龄以上鸭和 2 月龄以上鸡等。3 月龄以上家禽，每只肌内注射稀释好的疫苗 0.5 毫升，保护期 3～4 个月。

（2）**禽多杀性巴氏杆菌病油乳剂灭活疫苗**　预防禽霍乱，2 月龄以上家禽每只肌内注射 0.5～1 毫升，2 周后产生免疫力，保护期 6 个月。

（3）**鸡大肠杆菌多价油乳剂灭活苗**　20 日龄以内鸡每只皮下或肌内注射 0.4 毫升，青年和成年鸡每只肌内注射 0.5 毫升，1 日龄以上鸡保护期 4 个月。

（4）**鸡传染性鼻炎油乳剂灭活疫苗**　42 日龄以下鸡每只皮下或肌内注射 0.4 毫升，青年鸡或成年鸡每只肌内注射 0.5 毫升，1 月龄以上鸡免疫保护期 4 个月。

（5）**鸡毒支原体油乳剂灭活疫苗**　4～8 周龄鸡皮下或肌内注射 0.5 毫升。鸡毒支原体病（慢性呼吸道病）高发区，蛋鸡开产前要再接种 1 次，免疫期 6 个月。

（6）**鸭大肠杆菌油乳剂灭活疫苗**　每只雏鸭皮下或肌内注射 0.2～0.3 毫升，免疫期 3～6 个月。

（7）**鸭传染性浆膜炎灭活油乳剂疫苗**　雏鸭每只皮下或肌内注射 0.2～0.3 毫升，保护期 3～6 个月。

（8）**鹅蛋子瘟灭活疫苗**　预防产蛋鹅蛋子瘟病（卵黄性腹膜炎）时，于产前 15 天每只肌内注射 1 毫升，保护期 4～5 个月。

3. 球虫苗 预防鸡球虫病，6～10日龄鸡适合免疫接种。按说明书剂量分3天使用，将疫苗与饲料混拌均匀，撒于塑料薄膜上喂鸡（投虫苗前断食3～4小时），让每只鸡都吃到足够量的虫苗，接种6～7天后产生免疫力，保护期120天以上。接种前3天和接种后1周内不可使用任何抗球虫药。

4. 抗血清

（1）**抗鸡传染性法氏囊病毒血清** 用于预防和治疗鸡传染性法氏囊病。预防每只鸡皮下或肌内注射1.5～2毫升。

（2）**抗雏鸭肝炎病毒血清** 用于预防和治疗雏鸭病毒性肝炎。刚出壳的雏鸭，预防每只皮下或肌内注射0.5毫升，治疗每只注射1.5～2毫升。

（3）**抗番鸭细小病毒血清** 用于预防和治疗雏番鸭细小病毒病。刚出壳的雏番鸭，预防每只皮下或肌内注射0.3～0.5毫升；治疗每只注射1.5～2毫升。

（4）**抗小鹅瘟病毒血清** 用于预防和治疗小鹅瘟。预防每只雏鹅皮下或肌内注射0.5毫升，治疗每只注射1毫升。

（5）**抗肉毒素血清** 治疗鸭肉毒梭菌毒素中毒时，每只皮下或肌内注射2.5～4毫升。

5. 卵黄抗体

（1）**鸡传染性法氏囊病高免卵黄抗体** 用于预防和治疗鸡传染性法氏囊病。每只鸡皮下或肌内注射1.5～2毫升。

（2）**雏鸭肝炎高免卵黄抗体** 用于预防和治疗雏鸭病毒性肝炎。预防每只雏鸭皮下或肌内注射0.5毫升，治疗每只注射1.5～2毫升。

（二）免疫方法及注意事项

家禽的免疫接种方法有饮水、气雾、注射、翼下刺种、点眼等。对家禽有计划的免疫接种疫（菌）苗，是有效预防和控制传染病发生和流行的重要措施。根据疫苗特性、养殖规模、方便操作和经济性等选用最佳免疫接种方法对于保证免疫效果是非常重要的。家禽的免疫接种方法相同或相似，下面以鸡为例给予介绍。

1. 饮水免疫及注意事项 所谓饮水免疫，就是将疫苗溶入水中，让鸡通过饮水而达到免疫接种的目的。大鸡群和已开产的蛋鸡群最适合饮水免疫。此法快速、省力、省工，很少发生应激反应；缺点是疫苗饮入量不一致，抗体产生有差异，个别鸡难以产生理想的免疫力。鸡常用饮水免疫的疫苗主要有鸡新城疫疫苗、鸡传染性法氏囊病疫苗、鸡传染性支气管炎疫苗等。饮水免疫应注意以下几点：①应选用正规厂家生产的高效价和在有效期内的疫苗；②稀释疫苗要用蒸馏水或生理盐水，不可选用自来水等含有氯、铜、锌等能灭活疫苗物质的水；③稀释疫苗用水量不可用过多或过少。2日龄至2周龄鸡，每500羽份疫苗用水量为5升；2～4周龄鸡，每500羽份疫苗用水量为7升；4～8周龄鸡，每500羽份疫苗用水量为2升；④饮水免疫时，饮水器要充足，保证每只鸡饮用到足够量疫苗。饮水器每次使用前应用紫外线等无残留消毒的方法消毒；⑤鸡群饮用疫苗前要停止供应饮水3～4小时；饮用疫苗后，鸡群还要停止供应饮水1～2小时；⑥在稀释疫苗水中加入0.1%脱脂奶粉或山梨糖醇，能提高免疫效果。

2. 气雾免疫及注意事项 气雾免疫就是用气雾发生器使疫苗雾粒化，均匀悬浮于空气中，让鸡呼吸时吸入体内，达到免疫效果。鸡传染性支气管炎疫苗和鸡新城疫疫苗等使用本法效果较好。患有支原体和大肠杆菌的鸡群不要进行气雾免疫，否则会引发和加重鸡群的气囊炎。气雾免疫应注意以下问题：①疫苗使用量应比常规方法大，用量要加大到正常量的2～4倍。②要用蒸馏水或生理盐水稀释疫苗。③稀释疫苗时加入0.1%脱脂奶粉，可提高免疫效果。④要求喷出的雾滴达70%以上。成年鸡雾滴直径为5～10微米，雏鸡为30～50微米。⑤夜间进行气雾免疫接种最好。喷雾时应密闭鸡舍，以保持温、湿度。天热时免疫要开启电风扇等降温。⑥操作人员必须戴口罩防护。

3. 翼下刺种及注意事项　鸡痘疫苗、鸡新城疫Ⅰ系疫苗等适合于翼下刺种。1 000羽份疫苗用25～50毫升生理盐水充分摇匀稀释，后用接种针或没用过的钢笔尖蘸取疫苗，刺种于鸡翅膀内侧无血管处。大鸡一般刺种2针，小鸡为1针。刺种时不可让鸡眼、口和羽毛碰触到鸡痘疫苗，否则可能引发湿性鸡痘。接种1～2周后应检查鸡群翼膜上的反应，如无反应，就应找出原因后补种。

4. 注射免疫及注意事项　此法可分为肌内注射和皮下注射两种。肌内注射部位为胸骨两侧胸肌发达部位或腿肌部位。胸肌内注射要斜向前入针，以防刺入胸腔等，引起伤亡。大肠杆菌灭活疫苗、鸡新城疫与产蛋下降综合征二联油乳剂疫苗、鸡新城疫Ⅰ系疫苗、禽霍乱蜂胶灭活疫苗、产蛋下降综合征油乳剂疫苗等适用于肌内注射。马立克氏病疫苗等适用于鸡颈背皮下注射。雏鸡一般每羽0.2～0.5毫升，成年鸡为0.5～1毫升，具体用量请按疫苗说明书。

5. 点眼、滴鼻免疫及注意事项　雏鸡采用这两种方法接种疫苗效果最好。传染性支气管炎弱毒疫苗、传染性喉气管炎弱毒疫苗和鸡新城疫Ⅱ系、Ⅲ系、Ⅳ系疫苗等最适合点眼、滴鼻接种。疫苗稀释后，每只鸡同一侧眼内膜或鼻孔上（下次接种另一侧）滴1滴（约0.05毫升），滴下的疫苗消失于眼内或鼻内，则证明此鸡已接种1羽份疫苗，否则应补种。

6. 抓好鸡群免疫前后的管理　鸡群免疫接种前5天和免疫接种后7天内，不可在饲料中添加抗生素、抗球虫药物和肾上腺皮质酮类等抑制免疫应答的药物，若需控制继发细菌性传染病，也只能在饲料中添加强力霉素等影响免疫效果小的药物。鸡群接种期间，要供应充足的冷开水或蒸馏水，并在饮水中按说明书添加维生素A、维生素C等维生素。雏鸡患有呼吸道疾病或鸡群死亡率大于0.1%时，不要接种或推迟至鸡康复后接种疫苗。疫苗接种时，要尽量避免惊吓或追逐鸡只。疫苗接种后，要防控寒冷、雨雪、湿热、噪音、贼风等对鸡群的不利影响，同时要充足供应饲料和饮水。传染性法氏囊病、球虫病、雏鸡传染性贫血和霉菌毒素等会抑制鸡群的免疫应答，应留意观察免疫接种后的鸡群是否发生这些疾病，以便采取相应措施处置。

（三）免疫失败原因

1. 疫苗失效 使用过期失效的疫苗、保管不当而失效的疫苗、冻干苗失去真空而失效的疫苗、用热水或温水稀释的疫苗、当天稀释没用完隔天再用的疫苗和稀释后放日光下暴晒过的疫苗等，都会致免疫失败。

2. 不按操作规程免疫 接种疫苗时，一定要按操作规程，否则易使免疫失败。不按操作规程免疫的主要行为有：免疫剂量不足、注射和刺种的部位不准确、稀释疫苗时没有摇均匀、消毒时不慎将酒精滴入疫苗中和消毒时针头内吸入了酒精等。

3. 没有按科学程序进行免疫 科学的免疫程序能有效防止某些疫病的发生，不科学的免疫程序易致免疫失败。禽群接种疫苗时，如使用的剂量不足，就不能刺激机体产生足够的抗体；相反，若疫苗使用剂量过大，又会产生免疫抑制，致使机体不产生免疫反应。两次接种的间隔时间过长，禽只在免疫抗体低峰期受到病原的侵袭，易使免疫失败。两次接种的间隔时间若太短，会产生免疫干扰，也会导致免疫失败。选择与家禽流行毒株相匹配的疫（菌）苗很重要，否则易使免疫失败。

4. 母源抗体和残留抗体影响 家禽从母体获得的被动免疫抗体叫母源抗体。前一次免疫接种后存留体内的抗体称之为残留抗体。这两种抗体均会干扰新接种的疫苗产生足够的抗体。当禽群有高母源抗体或残留抗体时，会导致免疫失败。

5. 应激反应影响 家禽的免疫功能在某种程度上受神经、体液和内分泌等的调节，如受到环境过湿、通风不良、气温过高或过低、拥挤、突然更换饲料、转（分）群和运输等应激的影响，机体肾上腺皮质激素分泌会增加，从而显著损伤 T 淋巴细胞，抑制对巨噬细胞的作用，增加 IgG 的分解代谢。因此，在禽群应激时接种疫苗，会大大降低免疫效果。

6. 感染野毒或强毒株 家禽接种疫苗后需要一段时间才可产生免疫力，期间如遭遇野毒或强毒株的侵入，则会导致免疫失败。

7. 疾病因素 家禽患了其他疾病，就会影响机体对疫苗产生免疫反应。如果 1 日龄的雏鸡感染传染性法氏囊病毒后接种鸡新城疫疫苗，会严重抑制免疫反应，使免疫失败。鸡感染球虫病、传染性支气管炎、大肠杆菌病和鸡白痢等，都会程度不同的影响鸡新城疫疫苗的免疫效果。

8. 不当使用抗生素 卡那霉素、土霉素等许多药物对家禽免疫接种都有免疫抑制作用；如在疫（菌）苗免疫时使用这些药物，就会影响疫（菌）苗的免疫应答反应，所以禽群在免疫前后的 10～15 天应尽量避免使用抗生素等药物。

（四）疫苗的选购、保存和运输

1. 疫苗的选购 ①来路不明和无资质厂家生产的疫苗绝不要购买。一定要购买证照齐全、技术力量雄厚、信誉和服务质量好的正规大厂生产的在保质期内的产品。不要到市面零售门店购买，最好到所在地畜牧主管部门领取或购买，以保证疫苗质量。过于便宜的疫苗多是假、劣或过期失效产品，不要购买。②事前要仔细查看疫苗外包装是否完好、干净，瓶上是否有完整清晰的标签；标签上是否有疫苗的名称、批准文号、出厂批号和出厂日期、保存期、使用方法及厂家联系方式等，信息不全的是劣质或假冒的疫苗。开箱后，应逐瓶或随机抽样检查一至数箱产品，认真查看瓶有无破损、瓶塞密封是否严紧等，如发现瓶有破损或裂纹、瓶塞密封不好和瓶内进入空气等，不可购买和使用。③冻干苗多为海绵状的疏松固体，贴于瓶底，用手摇动，瓶内冻干物易从瓶壁脱离，且呈块状分散于瓶内；若发现瓶内冻干苗潮湿和用手摇瓶冻干物不易从瓶壁上松脱，说明此冻干苗含水过多或已失去真空，不可购买。水剂苗如瓶内液体与标签上说明的颜色不一致、浑浊有絮状物沉淀和结块等，不要购买。鸡新城疫弱毒冻干苗（Ⅰ、Ⅱ系疫苗）为淡白色海绵状固体，若其颜色变深或潮湿粘瓶壁，不要购买。④弱毒疫苗放室温下会失效，一定要放低温下保存，否则不可选用。油乳剂灭活苗不能结冻保存，否则油水会分离，严重影响免疫效果。

2. 疫苗的保存和运输 ①存放疫苗的工具事先应进行清洁并消毒。②购进的疫苗应按产品说明保存。油乳剂灭活苗应保存在2～10℃和避光的条件下，不可结冻保存。弱毒冻干苗要保存在 -15℃条件下。无论何种疫（菌）苗，都要保存在恒温下，不可忽冷忽热，使疫苗反复结冻、融化而失效。光照和高温易破坏疫（菌）苗的抗原性，所以疫（菌）苗的保存都应避开高温和光照。③运输的疫苗应包装完好，箱内瓶子整齐并无破损。疫苗量大时，应用冷藏车运输，量少时可用保温箱或冰瓶运输。不管是哪种疫苗，运输中都要避免高温和日光照射，同时要尽快将疫苗运到贮放点或预防接种地。

（五）免疫程序制定

免疫程序的制定要根据本养禽场和本地区疫病流行情况及母源抗体的有无和高低等确定，不可图方便随意套用免疫程序，以免浪费人力、物力、财力，又收不到理想的免疫效果。表1-1至表1-5推荐的免疫程序仅供参考。

表1-1　肉鸡免疫程序

日　龄	预防疫病	使用疫苗	免疫途径
7～10	新城疫	新城疫Ⅱ系、Ⅳ系和V_4等活疫苗	点眼、滴鼻
	传染性支气管炎	传染性支气管炎弱毒苗	饮水
15～18	传染性法氏囊病	传染性法氏囊病弱毒活疫苗	点眼、饮水、口服
25	新城疫	新城疫Ⅳ系活疫苗	饮水
30～35	传染性法氏囊病	传染性法氏囊病弱毒活疫苗	点眼、饮水、口服

表1-2 商品蛋鸡免疫程序

日 龄	预防疫病	使用疫苗	免疫途径
1	马立克氏病	马立克氏病冷冻疫苗	出壳24小时内皮下注射
7～10	新城疫	新城疫Ⅱ系、Ⅳ系和 V_4 等活疫苗	点眼、滴鼻
	传染性支气管炎	传染性支气管炎弱毒苗	饮水
15～18	传染性法氏囊病	传染性法氏囊病弱毒活疫苗	点眼、饮水、口服
25	鸡痘	鸡痘弱毒苗	刺种
30～35	传染性法氏囊病	传染性法氏囊病弱毒活疫苗	点眼、饮水、口服
40	传染性喉气管炎	传染性喉气管炎弱毒苗	点眼、涂肛
55～60	新城疫和传染性支气管炎	新城疫、传染性支气管炎二联活疫苗	饮水
90	传染性喉气管炎	传染性喉气管炎弱毒苗	点眼、涂肛
110～120	新城疫	新城疫灭活苗	皮下或肌内注射
	产蛋下降综合征	产蛋下降综合征灭活苗	皮下或肌内注射
130～140	传染性法氏囊病	传染性法氏囊病油乳剂灭活苗	肌内注射
280	新城疫	新城疫Ⅳ系活疫苗	4倍常用量气雾免疫

表1-3 蛋、肉种鸡免疫程序

日 龄	预防疫病	使用疫苗	免疫途径
1	马立克氏病	马立克氏病冷冻苗	出壳24小时内皮下注射
7～10	新城疫	新城疫Ⅱ系、Ⅳ系或 V_4 等活疫苗	点眼、滴鼻
	传染性支气管炎	传染性支气管炎弱毒苗	饮水
15～18	传染性法氏囊病	传染性法氏囊病弱毒活疫苗	点眼、饮水、口服

续表 1-3

日 龄	预防疫病	使用疫苗	免疫途径
20	病毒性关节炎	病毒性关节炎疫苗	皮下注射
	鸡痘	鸡痘弱毒苗	刺种
25～30	新城疫	Ⅳ系加新城疫灭活苗	Ⅳ系点眼、滴鼻，灭活苗皮下注射
30～35	传染性法氏囊病	传染病法氏囊病弱毒活疫苗	点眼、饮水、口服
35～40	传染性鼻炎	传染性鼻炎灭活苗	皮下注射
40～42	传染性喉气管炎	传染性喉气管炎弱毒苗	点眼、涂肛
70～75	传染性支气管炎	传染性支气管炎弱毒苗	饮水
90	传染性喉气管炎	传染性喉气管炎弱毒苗	点眼、涂肛
110～120	新城疫	新城疫灭活苗	皮下、肌内注射
	产蛋下降综合征	产蛋下降综合征灭活苗	皮下、肌内注射
130～140	传染性法氏囊病	传染性法氏囊病油乳剂灭活苗	肌内注射
300	新城疫	新城疫Ⅳ系活疫苗	4 倍量气雾免疫

表 1-4　鸭免疫程序

日 龄	预防疫病	使用疫苗	免疫途径
1～3	鸭病毒性肝炎	鸭病毒性肝炎疫苗	皮下、肌内注射
21～28	鸭瘟	鸭瘟弱毒疫苗	皮下、肌内注射
45～50	鸭大肠杆菌病	鸭大肠杆菌活苗	皮下注射
70	禽霍乱	禽霍乱蜂胶灭活苗	肌内注射
150～160	鸭瘟、鸭病毒性肝炎	鸭瘟、鸭病毒性肝炎二联苗	肌内注射
170	鸭大肠杆菌病	鸭大肠杆菌灭活苗	皮下注射
190	禽霍乱	禽霍乱蜂胶灭活苗	肌内注射
320～330	鸭瘟、鸭病毒性肝炎	鸭瘟、鸭病毒性肝炎二联苗	肌内注射

表 1-5　种鹅免疫程序

日　龄	预防疫病	使用疫苗	免疫途径
1	小鹅瘟	小鹅瘟高免血清或高免蛋黄液	肌内注射
10～15	小鹅瘟	小鹅瘟高免血清或高免蛋黄液	肌内注射
	禽流感	H_5 亚型禽流感灭活苗	皮下、肌内注射
20～30	鸭瘟	鹅鸭瘟弱毒疫苗	肌内注射
	小鹅瘟	小鹅瘟弱毒疫苗	肌内注射、饮水
开产前12周	鹅蛋子瘟病	鹅蛋子瘟灭活苗	肌内注射
	小鹅瘟	小鹅瘟弱毒疫苗	肌内注射
开产前1个月	鸭瘟	鹅鸭瘟弱毒疫苗	肌内注射
	禽流感	H_5 亚型禽流感灭活苗	皮下、肌内注射
以后每隔半年	小鹅瘟	小鹅瘟弱毒疫苗	肌内注射
	鸭瘟	鹅鸭瘟弱毒疫苗	肌内注射
	禽流感	H_5 亚型禽流感灭活苗	皮下、肌内注射

肉鹅免疫程序：

①预防小鹅瘟。出壳 24 小时内颈部皮下注射小鹅瘟灭活疫苗或高免血清。

②预防鹅新型病毒性肠炎。1～2 日龄口服雏鹅新型病毒性肠炎弱毒疫苗。

③预防鹅副黏病毒病、支气管炎、禽流感。4～7 日龄颈部皮下注射鸡新城疫、支气管炎、禽流感三联苗。

④预防鸭瘟。10～12 日龄颈部皮下注射鸭瘟鸡胚化弱毒疫苗。

⑤预防鹅副黏病毒病。15～17 日龄饮水接种鸡新城疫Ⅰ系苗。

⑥预防禽流感。21～25 日龄皮下或肌内注射禽流感 H_5 亚型灭活苗。

⑦预防禽霍乱。28 日龄皮下或肌内注射禽霍乱弱毒活疫苗。

⑧预防鸭瘟。30～35 日龄肌内注射鹅鸭瘟弱毒疫苗。

五、常用给药方法

家禽如何给药要根据病种、病情、药物、个体大小和季节等不同灵活选定。

（一）内服给药

内服给药临床上采用较多，方便、经济。所谓内服给药，就是经消化道给药，胃肠吸收后起作用。家禽量小或病禽数量不多或药物珍贵时，多用灌服法、食道注入法等个体投药法，可保证给药质量。饮水法给药适合大群家禽，方便、快捷、药效快，其方法是将药物溶解于水中，让家禽饮用。混饲给药适用于大小禽群和单只禽，将药物拌入日粮中，让家禽采食。病禽有一定的食欲、饮欲及采食、饮水能力时，才可采用混饲和混饮给药，否则无效或效果不理想。混饮给药要将所需药充分溶解于水中并混合均匀；饮用药水前要断供饮水 2～3 个小时，以提高禽群饮欲，以便每只病禽都能饮到足够量的药水。混饲给药要混拌均匀，于清晨禽群空腹或饥饿时投喂，吃完药料后再让其休息或运动、放牧等。灌服给药的对象是病重无食欲和个别发病的家禽，方法是用汤匙、注射器和吸管等将药液、药丸（片）等灌入口腔深处或食道内。

（二）注射给药

注射给药就是用注射器将药液注入禽体内。用于家禽注射的针头要小，不可用猪、牛等用的大号针头，可选用人用或禽用小针头。注射给药又可分为皮下注射、肌内注射、气管注射、静脉注射和嗉囊注射等。肌内注射适合的部位是胸部肌肉发达处、腿基部外侧肌肉处和翅膀内侧肌肉处；注射时注射器要以 30° 左右角度刺入肌肉内。注射用药时，针头不可刺入过深，以免损伤内部器官或致禽死亡。皮下注射部位多为成禽翅膀内侧无血管的皮下或雏禽颈背部的皮下；注射时针头稍斜刺入皮下即可。家禽静脉注射部位为翅内侧静脉，极少采用。禽只病重又难以张嘴呼吸时，可采用嗉囊注射给药；鸡注射部位是嗉囊，鸭和鹅的部位是颈部纺锤形扩大部的食管内，注射深度为 0.5～1 厘米。注射给药时，注射器、针头要经灭菌处理，注射部位和人手等要消毒。注射药物时应找准部位，动作轻缓、流畅。

（三）外用给药

外用给药主要用于防治羽虱、蜱、螨等体外寄生虫、某些传染病和外伤感染等，适用于大小禽群和禽舍内外环境及用具等的消毒，主要有滴鼻、涂抹、浸洗、喷雾等。喷雾、熏蒸多用于禽群、禽舍和用具等的消毒。适量香椿水煎，待晾温后将病禽浸入药液中，可驱杀禽虱等体外寄生虫。

（四）禽群给药

现在规模养禽场越来越多，禽群一旦发病，传播很快，如逐个给药，费时费力，病情发展也常常不允许，这就需要快速、高效的给药方法，以尽快控制病情，减少死亡。

1. **混水给药** 溶解药物用水宜用凉开水或蒸馏水；稀释生物制品的水不可用自来水，因为自来水中含有次氯酸，会使疫苗有效成分失活。药物一定要按使用说明书的要求使用，浓度不可过高或过低，以免出现中毒或无疗效的现象。为使每只禽摄入足够的药量，用药前应停饮水 2～3 个小时。在水中容易失效的药物，应现配现用。配制药液要根据禽群大小确定所需用量，太多会浪费，太少又不够用。当天禽群饮不完的药液应经无害化处理，不可第二天再用。现介绍几种鸡常用药的混饮方法。

（1）**高锰酸钾** 主要用于杀菌、消毒，按 0.05%～0.1% 混饮，连用 2～3 天。

（2）**百毒杀** 用于防治鸡细菌和真菌性疾病，按每升水中加入

50～100毫克混饮，连用3～4天。

（3）**青霉素G** 用于防治鸡的葡萄球菌病、链球菌病、禽霍乱等，按每升水中加2 000单位混饮，连用4～5天。

（4）**红霉素** 用于防治鸡的葡萄球菌病、支原体病、传染性鼻炎、坏死性皮炎等，按每升水中加入100毫克混饮，连用3～5天。

（5）**硫酸庆大霉素** 用于防治鸡白痢、坏死性皮炎、肉髯水肿、慢性呼吸道病等，按每升水中加入3万～4万单位混饮，连用3～4天。

（6）**硫酸链霉素** 用于防治禽霍乱、鸡伤寒、溃疡性肠炎等，按每升水中加入500毫克混饮，连用3～5天。

（7）**新霉素** 用于防治鸡细菌性肠炎、鸡白痢、禽伤寒、呼吸道感染、亚利桑那菌病等，按每升水中加入40～70毫克混饮，连用4～5天。

（8）**金霉素、四环素** 用于防治禽伤寒、鸡白痢、禽霍乱、传染性鼻炎、慢性呼吸道病、螺旋体病等，按每升水中加入150～200毫克混饮，连用3～4天。

（9）**泰乐菌素** 对防治鸡支原体病有特效，也可用于防治鸡螺旋体病、坏死性皮炎和缓解应激等，按每升水中加入600～800毫克混饮，连用3～5天。

（10）**磺胺噻唑** 用于防治禽霍乱、沙门氏菌病、大肠杆菌病等，按0.1%～0.2%浓度混饮，连用3天。

（11）**诺氟沙星** 用于防治鸡大肠杆菌病、鸡白痢、支原体病等，按每升水中加入20～40毫克混饮，连用3～5天。

2. 混饲给药 拌料时药物与饲料一定要拌均匀，特别是用量少和易产生不良反应的药物。使用磺胺类药物时，应按产品说明书要求适当给家禽补充维生素B_1和维生素K等微量元素。现介绍几种鸡常用药的混饲方法，其防治对象参阅混水给药相关内容。

（1）**青霉素G** 每千克饲料中加入2 000单位，连用4～5天。

（2）**红霉素** 每千克饲料中加入30～50毫克，连用3～5天。

（3）**新霉素**　每千克饲料中加入100～140毫克，连用4～5天。

（4）**泰乐菌素**　每千克饲料中加入25～50毫克，连用3～5天。

（5）**磺胺噻唑**　按0.1%～0.2%加入饲料中，连用3天。

（6）**磺胺嘧啶**　按0.01%～0.02%加入饲料中，连用3天，停药3天，再用3天。

（7）**诺氟沙星**　按每千克饲料中加入70～100毫克，连用3～5天。

（8）**环丙沙星**　按每千克饲料中加入100毫克，连用3～5天。

3. 气雾给药　就是将选用的药物用雾化器械喷射出来，使药物均匀地悬浮于空气中，家禽经呼吸将药物吸入体内，实现防控疾病的目的。气雾给药主要用于消毒和鸡新城疫、鸡传染性支管炎等疫苗的气雾免疫。采用疫苗气雾免疫时，应选用高效价产品，且疫苗的使用量适当加大，一般为正常用量的2～3倍。疫苗气雾免疫最好用纯净水，如能在稀释的疫苗中加入1%脱脂奶粉，可提高防效。气雾免疫要求喷出的雾滴在80%以上，成年鸡雾滴直径以5～10微米为好，雏鸡以30～50微米为宜。气雾免疫的操作人员等应戴口罩进行自身防护。

六、抗微生物药物的选择和使用

（一）抗生素类

1. 青霉素类

（1）**青霉素G**　多数革兰氏阴性细菌对它不敏感，但多数革兰氏阳性细菌对它很敏感，有良好的抗菌效果。主要用于防治家禽葡萄球菌病、支原体病、链球菌病、坏死性肠炎等，对禽霍乱、球虫病也有一般效果。多用于肌内注射，每千克体重4万～5万单位，每天2～3次，连用2～3天。

（2）**氨苄西林**　为广谱抗菌药，对链球菌、金黄色葡萄球菌、巴氏杆菌、大肠杆菌、沙门氏菌等有较好抗菌效果，与链霉素、庆大霉素联合使用，可防治大肠杆菌病、输卵管炎等。此药对耐青霉素G、多黏菌素等的沙门氏菌有高抗性。主要用于治疗禽大肠杆菌、禽伤寒、鸡白痢等。氨苄西林钠注射剂肌内和静脉注射都可以，每次每千克体重10～20毫升，每天2～3次，连用2～3天。氨苄西林钠胶囊用于内服，每次每千克体重20～40毫克，每天2～3次，连用2～3天。55%氨苄西林钠粉剂用于混饮，每升水添加600毫克，连用1～2天。

（3）**阿莫西林**　为广谱抗菌药，抗沙门氏菌和大肠杆菌等的作用比氨苄西林好，可防治禽大肠杆菌病、葡萄球菌病、禽伤寒、鸡白痢等，阿莫西林片内服每千克体重10～15毫克，每天2次，连用2～3天。

2. 头孢菌素类

（1）**头孢噻呋**　此药有广谱抗菌性，对沙门氏菌、大肠杆菌、葡萄球菌等有较好抗菌效果，能较好地防治禽沙门氏菌病、大肠杆菌病、葡萄球菌病等。注射剂有5%盐酸头孢噻呋混悬液和头孢噻呋钠，1日龄雏鸡、鸭每只每次颈部皮下注射0.08～0.2毫克。

（2）**头孢氨苄**　此药对革兰氏阳性菌和耐青霉素菌株有较好抗菌效果。可用于禽大肠杆菌、葡萄球菌感染等。内服剂量每千克体重每次35～50毫克，鸡、鸭每2～3小时用药1次，鹅每6小时用药1次。

（3）**头孢噻吩钠**　对革兰氏阴性和阳性菌有较好抗菌效果，作用与头孢氨苄基本相同，每次每千克体重肌内注射10毫克，每天2～3次，连用2～3天。

3. 大环内酯类

（1）**泰乐菌素**　对衣原体有较好的抑制效果，也能抑制螺旋体，对革兰氏阴性菌抑制效果弱，主要用于防治禽支原体病、溃疡性肠炎和坏死性肠炎等，还有缓解应激、提高产蛋率等作用。注射液皮下或肌内注射，每千克体重每次2～13毫克，每天2次，连用4～5天。酒石酸泰乐菌素粉剂，每升饮水添加500毫克，连饮

3～5 天。产蛋禽禁用此药。

（2）**红霉素** 为快效抑菌剂，可治疗禽坏死性肠炎、传染性鼻炎、慢性呼吸道病、传染性滑膜炎和溶血性链球菌感染等。10% 硫氰酸红霉素注射液，肌内注射每千克体重每次 20～40 毫克，每天 2 次。

（3）**吉他霉素** 对支原体有较好效果，对衣原体、螺旋体、革兰氏阳性菌、立克次氏体和一些革兰氏阴性菌等有较好作用。吉他霉素片，内服，每次每千克体重 30～50 毫克，每天 2 次，连用 4～5 天。5% 酒石酸吉他霉素可溶性粉，每升饮水添加 250～400 毫克，连用 3～5 天。产蛋禽禁用本药。

4. 氨基糖苷类

（1）**庆大霉素** 抗菌谱广，对绿脓杆菌有特效，对多数革兰氏阳性和阴性菌、支原体、结核杆菌等有较好作用。可防治禽大肠杆菌病、慢性呼吸道病、鸡白痢、葡萄球菌病、坏死性皮炎等。与青霉素联合使用，有协同作用。4% 硫酸庆大霉素注射液，每次每千克禽体重肌内注射 5～7.5 毫克，每天 2 次，连用 2～3 天。硫酸庆大霉素片，每升饮水混入 30～40 毫克，连用 3 天。

（2）**链霉素** 它可作用于结核菌和多数革兰氏阴性菌，用于防治禽大肠杆菌病、禽霍乱、禽伤寒、禽结核病、禽传染性鼻炎等，与青霉素联合使用，有协同作用。硫酸链霉素，每千克体重每次肌内注射 20～30 毫克，每天 2～3 次，连用 2～3 天。硫酸链霉素片，每升饮水添加 40～100 毫克，连用 2～3 天。

（3）**卡那霉素** 对沙门氏菌、大肠杆菌、多杀性巴氏杆菌、变形杆菌等有很强的抗菌作用，可防治敏感菌引起的呼吸道和肠道感染、败血症等。硫酸卡那霉素，鸡每次每千克体重肌内注射 15～30 毫克，鸭、鹅每次每千克体重 30～40 毫克，每天 2 次，连用 2～3 天。硫酸卡那霉素，每升饮水添加 40～100 毫克，连用 2～3 天。

5. 四环素类

（1）**土霉素** 为广谱抗生素，能抑制支原体、立克次氏体、衣原体、螺旋体、革兰氏阳性和阴性菌等，可防治禽霍乱、慢性呼吸道病、鸡白痢、传染性鼻炎、伤寒、葡萄球菌病、球虫病、螺旋体病等。土霉素片，每千克体重每次内服30～50毫克，每天2～3次，连用4～5天。盐酸土霉素可溶性粉，每升饮水添加150～230毫克，连用4～5天。鸡每千克饲料混入土霉素300～700毫克，连用5天。

（2）**强力霉素** 为广谱、高效抗生素，对大肠杆菌、葡萄球菌、沙门氏菌、支原体、链球菌等有较好的抗菌作用，可防治禽巴氏杆菌病、大肠杆菌病、沙门氏菌病、慢性呼吸道病和缓解应激反应等。每千克体重每次内服15～25毫克，每天1次，连用4～5天；混饲，每千克饲料添加150～200毫克，连用4～5天；混饮，每升水添加可溶性粉50～100毫克，连饮4～5天。

（3）**四环素** 抗菌谱和作用与土霉素相似，内服用药量与土霉素相同，混饮每升饮水添加150～200毫升，连用4～5天。鸡每千克饲料添加200～500毫克，连用4～5天，休药期2～4天。

6. 多肽类

（1）**杆菌肽** 为促生长饲料添加剂，可较好抗革兰氏阳性菌、放线菌、螺旋体等，与青霉素、多黏菌素、金霉素、链霉素合用有协同作用，用于预防禽细菌性腹泻、慢性呼吸道疾病等，治疗禽葡萄球菌和链球菌感染、坏死性肠炎、溃疡性肠炎等。10%杆菌肽锌预混粉，每千克饲料添加10～40毫克，连用4～5天。

（2）**恩拉霉素** 可抗禽肉毒梭菌、炭疽杆菌、破伤风杆菌、枯草杆菌等，主要用作饲料添加剂，有促禽生长之效。每千克饲料添加3～10毫克，可长期饲喂，休药期7天。产蛋禽禁用。

（3）**多黏菌素** 抗菌谱较窄，主要用于治疗革兰氏阴性菌所致的肠道感染和绿脓杆菌感染等，如与庆大霉素轮换使用可增效。硫酸多黏菌素片，每千克体重每次内服3～8毫克，每天1～2次，连用4～5天。2%硫酸多黏菌素可溶性粉，每升饮水添加30～60毫克，连饮5天。休药期7天。产蛋禽禁用此药。

（二）化学合成抗菌药

1. 磺胺类

（1）**磺胺嘧啶**　用于防治禽白痢、禽伤寒、大肠杆菌和禽霍乱等病。混饲浓度0.2%，连用3天。混饮浓度0.15%～0.2%，连用3天。片剂成鸡每次每只内服10毫克，每天2次，连用4～5天。注射剂每次每千克体重10毫克，每天2次，连用4～5天。产蛋禽禁用此药。

（2）**磺胺间甲氧嘧啶**　用于防治禽胃肠道和呼吸道感染及沙门氏菌病、大肠杆菌病、球虫病等。每千克体重每次内服50～100毫克，每天2次，连用4～5天。混饲浓度0.05%～0.2%，连喂4～5天。混饮浓度0.025%～0.05%，连饮4～5天。休药期7天。

（3）**磺胺二甲嘧啶**　用于防治禽伤寒、禽霍乱、禽球虫病、传染性鼻炎等。混饲浓度0.2%，连喂3天。混饮浓度0.1%～0.2%，连饮3天。

2. 喹诺酮类

（1）**沙拉沙星**　抗菌作用比环丙沙星、恩诺沙星等强，对溶血性链球菌、金黄色葡萄球菌亦有较好抗菌作用，可防治禽大肠杆菌病、禽霍乱、禽慢性呼吸道病、鸡白痢等。5%沙拉沙星注射液皮下注射，1日龄雏鸡、雏鸭每次0.1毫克，雏鹅0.15～0.2毫克，连用3天。盐酸沙拉沙星可溶性粉，每升饮水添加20～40毫克，连用5天。产蛋禽禁用此药。

（2）**诺氟沙星**　杀菌谱广，对沙门氏菌、大肠杆菌、绿脓杆菌和巴氏杆菌等有好效果，可防治禽大肠杆菌病、禽慢性呼吸道病、卵黄性腹膜炎、鸡白痢等。2%乳酸诺氟沙星注射液，鸡、鸭每千克体重每次肌内注射10毫克，每天2次，连用2～3天。片剂每千克体重每次内服10毫克，每天1～2次，连用2～3天。可溶性粉，每升饮水添加100毫克，连用3～4天；混饲，每千克饲料添加50～100毫克，连用4～5天。

（3）**恩诺沙星** 是防治禽支原体病的特效药，抗菌作用强，可防治禽支原体感染、巴氏杆菌病、大肠杆菌病、葡萄球菌病、鸡副嗜血杆菌病、鸡白痢等。恩诺沙星注射液，每千克体重每次肌内注射 2.5～5 毫克，每天 1～2 次，连用 2～3 天。片剂，每千克体重每次内服 5～7 毫克，每天 1～2 次，连用 4～5 天。可溶性粉，每升饮水添加 40～70 毫克，连用 4～5 天。

（4）**环丙沙星** 抗菌作用与恩诺沙星相似，可防治禽多杀性巴氏杆菌病、大肠杆菌病、支原体病、沙门氏菌病等。2% 乳酸环丙沙星注射液，每千克体重每次肌内注射 5 毫克，每天 2 次，连用 3 天。片剂，每千克体重每次内服 5～7 毫克，每天 2 次，连用 3 天。可溶性粉，每升饮水添加 30～50 毫克，连用 4～5 天。

（三）抗真菌类药

1. **克霉唑** 抗真菌谱广，可较好抑制禽体表癣菌、念珠菌、曲霉菌等。雏鸡、雏鸭每只每次内服 5～7 毫克，雏鹅每只每次 8～10 毫克，每天 2 次；成年鸭、鹅每千克体重每次内服 10～20 毫克，连用 3～4 天。

2. **制霉菌素** 为广谱抗真菌药，对曲霉菌、念珠菌、球孢子菌等有较好作用，可防治禽曲霉菌病、念珠菌病、球孢子菌病等。此药混饲疗效差。雏鸡每只每次内服 5 000 单位，每天 2～3 次，连用 2～3 天。成年鸡每次内服 6 500 单位，每天 2～3 次，连用 2～3 天。雏鸭、雏鹅每只每次内服 0.8 万～1 万单位，每天 2～3 次，连用 2～3 天。成年鸭、鹅每千克体重每次内服 1.5 万～2 万单位，每天 2 次，连用 2～3 天。

（四）抗病毒类药

黄芪多糖：可诱导禽体产生干扰素，生成抗体等。用于新城疫、传染性法氏囊病、传染性喉气管炎等病的治疗。可溶性粉剂 1 克对饮水 15～20 升供禽饮服，连用 3～5 天。注射剂，鸡每千克体重每次皮下或肌内注射 2 毫克，每天 1 次，连用 2～3 天。

（五）用药注意事项

1. 对症施药　使用药物前首先要准确诊断疾病，然后对症用药；切忌没有确诊乱用药。防治革兰氏阳性菌引发的禽病要选用青霉素 G、庆大霉素、四环素等，防治革兰氏阴性菌引发的禽病宜选用庆大霉素、卡那霉素、链霉素等，防治真菌性禽病可选用制霉菌素等；防治病毒性禽病应用抗病毒药物，如黄芪多糖等。用抗真菌药防治细菌性疾病无效，同理用防治细菌性疾病的药物防治真菌或病毒病，也不会有什么作用，除非已发生混合感染或继发感染。用药要根据病禽症状轻重，选用对病原敏感的药物，以实现最佳、最快、最低成本的防治效果。防治禽病不可用人用药。

2. 用药剂量应适当　防治禽病的药物有很多种，即使同一种药物不同产品剂型和含量也不尽相同，一定要按产品使用说明的要求使用，不可随意加大和减少用药剂量。用药量过小，防治效果不好或无疗效；用药量过大，不仅会造成浪费，加大用药成本，还可能引发中毒等不良反应。防治禽病时，头 1～2 次用药，可稍加大用药剂量，以利快、准、狠抗击病原微生物。禽如果发生急性传染病或感染重时，也要稍加大用药剂量。禽肝、肾功能不佳时，抗生素的用量要稍减。停药不可过早或过晚；停药过早，疾病可能复发；停药过晚，一是增加用药成本，二是可能损害禽的抗病力和导致病原的耐药性产生或加重。一般的禽病感染，应连续用药 3～5 天，直至症状消失后的 1～2 天再停药。禽感染严重时要用注射给药；消化道和普通感染，以内服用药为好；严重感染时，可内服和注射用药并用。

3. 重视病原微生物耐药性的产生　能用一种药物防治的禽病，切不可用两种或两种以上药物；可用小剂量防治的，不用大剂量；内服能治好的，不注射用药；能用混饮水治疗的，不混饲给药；能用中草药防治的，最好不用西药。抗生素长期使用易使病原微生物产生耐药性。无禽病发生时尽量不要使用抗生素预防疾病。禽群发病时，应将病禽隔离用药治疗，健康或疑似健康禽可不用药或预防性用药1～2天。长期单一、超量或过低剂量及乱用、滥用抗生素，是微生物产生耐药性的主要原因。金黄色葡萄球菌就是长期使用青霉素后产生的耐青霉素菌株。庆大霉素、金霉素等会抑制免疫功能，使用时应注意。

4. 注意药物配伍 青霉素与链霉素联合肌内注射、磺胺药与抗菌增效剂二甲氧苄啶联合使用，可大大提高作用。盐霉素与枝原净联用，会致家禽中毒。恩诺沙星属强碱性，如与硫酸庆大霉素混合肌内注射，药效降低。磺胺类钠盐注射液、碳酸氢钠（小苏打）、氨茶碱注射液和人工盐等碱性药物不可与青霉素、硫酸庆大霉素注射液、硫酸链霉素注射液和维生素C注射液等酸性药物配合使用。青霉素不可与四环素类药物联合使用。恩诺沙星、氧氟沙星、环丙沙星等喹诺酮类药物不可与氟苯尼考、甲砜霉素等药物配合使用。禁止随意将多种药物一同使用或混用。疫苗接种前后的2～5天，不可使用抗菌药，以免使疫苗失活减效。

5. 重视药物残留 抗微生药物不仅用来防治禽病，有的还作为饲料添加剂用于家禽的促生长、提高饲料转化率和禽产品质量和风味等，其在产品中的残留会导致人类疾病病原菌产生耐药性等，直接或间接危害人的健康。因此使用抗微生物药一定要按国家规定，严格遵守休药期。做好用药记录，应记录疾病、用药种类、用药量、用药时间、用药剂型等，以利查考。

七、抗寄生虫药物的选择和使用

（一）抗寄生虫药的选用原则

1. 选用广谱抗寄生虫药 家禽有内寄生虫和外寄生虫两大类，种类很多，有时受一种寄生虫侵害，更多的是混合感染多种寄生虫，应根据情况选用广谱抗寄生虫药防治，以提高疗效，降低防控成本，实现一药多效。当然广谱也是相对而言，并不是说一种广谱抗寄生虫药可以防治所有的寄生虫，实际选药时还要根据寄生虫种类、感染程度和范围等，科学配合选用几种驱虫药，只有这样才能有效治疗寄生虫混合感染的禽群。

2. 选用高效抗寄生虫药　防治家禽寄生虫病应尽量选用对成虫、幼虫或虫卵都有较好效果，且用较小的剂量即能取得满意的驱虫效果的药物。现在使用的抗寄生虫药多数没有同时能驱杀成虫、幼虫和虫卵的作用，只能对其中的一种或两种虫态有驱杀效果，因此，实际使用时应合理、科学选用两种或两种以上药物配合使用。

3. 选用低毒或无残留的抗寄生虫药　尽量选用对寄生虫有高毒而对宿主低毒或无毒的药物。此外，还应考虑所选药剂在家禽体内能尽快降解或排出，以确保家禽产品的质量安全。

4. 方便使用　如今散养家禽户越来越少，规模养禽场越来越多，为提高工作效率、降低成本，应选用能通过饮水、混饲或喷雾等给药方式的药物，以利于大规模集中驱虫。

5. 价廉易得　防治家禽寄生虫的药物不是越新、越贵、越奇，效果就越好，应本着高效、低毒或无毒、价廉、易得的原则选用最适合的药物。

（二）常用抗寄生虫药物

1. 西　药

（1）**左旋咪唑**　用于驱除鸡等的蛔虫、异刺线虫、毛线虫等，是一种高效、广谱、低毒的驱虫药。驱除鸡蛔虫时，每千克体重内服24毫克；驱除线虫时，每千克体重内服36毫克。

（2）**丙硫咪唑**　为高效、广谱驱虫药，用于驱除鸡等的蛔虫、异刺线虫、卷刺口吸虫和某些绦虫等。鸡每千克体重内服20～30毫克。

（3）**噻苯咪唑**　为高效、广谱、低毒驱虫药，用于驱除鸡等的毛细线虫和蛔虫等的成虫和卵。驱除鸡气管线虫，按 0.1% 混饲，连用 7 天；驱除蛔虫和毛细线虫，每千克体重口服 100 毫克。

（4）甲咪唑　为高效、广谱、低毒驱虫药，用于驱除线虫、绦虫等。鸡内服每千克体重 300 微克；混饲，每千克饲料 125 毫克，连用 5～6 天。

（5）哌吡嗪　为高效、低毒驱虫药，用于驱除鸡等蛔虫、蛲虫、绦虫等。鸡按每千克体重 0.2～0.3 克拌料饲喂，也可按每千克体重 0.4～0.8 克混水饮用，每日 1 次，连用 2～3 天。

（6）沙利霉素　为高效、低毒驱虫药，用于驱除锥形、巨型、脆弱艾美耳球虫等，还有一定的抗细菌、真菌和促生长的作用。鸡每千克饲料拌入 70～100 毫克，连用 3～4 天。

（7）莫能菌素　为低毒、安全驱虫药，可驱除鸡等艾美耳球虫等多种球虫。鸡每千克饲料拌入 125 毫克，连用 2～3 天。鸡宰前 3 天应停药。产蛋鸡最好不用此药。

2. 中草药

①槟榔。主要用于驱除绦虫。每千克体重鸡 1 克、鸭 0.5～0.7 克、鹅 0.2～0.3 克，加水适量，煎 30 分钟，大群用饮水给药，少量用橡胶软管插入嗉囊内投药。

②鹤草芽浸膏。可用于驱除绦虫。每千克体重用鹤草芽浸膏 150 毫升拌料饲喂，连用 1～2 天。

③烟草粉。将市售的干烟叶碾成粉末（越细越好），按 2% 拌入饲料饲喂，上、下午各 1 次，可驱除蛔虫等。

④百部。按药、水比 1∶1 或 0.5∶1 煎液，外洗禽体，可杀灭羽虱等。

⑤黄连、黄柏、黄芩、大黄各 10 克，紫草 15 克，适量水煎液去渣，拌入饲料中，供 30 日龄 20 只鸡服用，每日 1 剂，连用 2 天，可驱除球虫等。

（三）用药注意事项

（1）掌握本场、本地区家禽寄生虫病发生规律，包括寄生虫种类、侵害程度、流行季节等，以利科学安排在最佳期驱虫。

（2）要有一定的抗寄生虫病知识，最好了解和掌握常用抗寄生虫药种类、剂型、理化性质、用药量、停药期、使用范围和毒性等，以利正确选用适合药物。

（3）采用最适驱虫方法。要根据不同的寄生虫病、禽群大小、禽日龄等灵活选用驱虫方法。混饲和混饮投药时，事前应对少量禽进行投药试验，确认安全后再大群驱虫。药物混饲应搅拌均匀。饮水给药应待充分溶解并搅拌均匀。

（4）口服用药驱虫时，给药前应让禽群禁食12～24小时，以便让每只家禽摄入有效的药量。

（5）使用肠道驱虫药时，不得使用油性泻药，以防加快药物溶解和吸收，从而引发中毒。

（6）定期或不定期轮换使用抗寄生虫药物，以减少或延缓寄生虫对药物产生耐药性。

（7）重视药物残留问题，不得使用有机氯等高毒、高残留抗寄生虫药。鸡用左旋咪唑驱虫时，其肉、蛋用药7天后方可食用；如用噻苯咪唑驱虫，其肉停药1个月以后才可食用。无论使用何种抗寄生虫药，都应遵守停药期，不到安全期的家禽产品一律不准出售和食用。

八、中草药方剂应用

中草药用于家禽的保健和增产，具有材料易得、环保、高效、药残低或无、提高产量及质量等优点。

1. 家禽保健剂　此剂可治家禽食欲不振、体衰乏力和消化不良等，有健脾开胃和通窍醒神等功效。其配方为：龙胆草15克，大黄

15克，樟脑30克，陈皮8克，薄荷脑5克，甘草7克。大黄、陈皮、龙胆草、甘草四药混合研末；樟脑、薄荷脑溶于适量乙醇中，加入上述药末和适量滑石粉、淀粉，使总量达100克，充分混合，压制成锭（片），阴干即可。喂服，每日1次，每次成年鸡1克，鸭1.5克，鹅2克，连用3～5天。

2. 保持雄性家禽活力

（1）**雄鹅滋补剂** 熟地，每羽公鹅每日2～3克，混饲，连用4～6天。本剂对公鹅有防止肝肾阴虚、性功能衰退和腰胯乏力等功效。

（2）**促精剂** 此剂有益气助阳之功效，可治公鸡少精、精子活力下降等。其配方为：肉苁蓉30克，党参20克，巴戟天30克，炙淫羊藿40克，白术30克，黄柏20克，麦冬20克，甘草20克，天冬20克，合研为末，公鸡每天喂服1次，每次8克，也可混饲使用，连用4～5天。

3. 抗 应 激

（1）**成鸡抗应激** 酸枣仁研成末，按0.5%～1%混饲，连用3～5天。该药剂有抗应激和安神、养心等作用，可提高饲料转化率5%～7%。

（2）**仔鸡抗应激** 黄芪研成末，混饲，每羽仔鸡每天用药1次，每次1克，连用4～5天。此药剂有增强仔鸡抗应激、提高免疫力和成活率等作用。

4. 增 重

（1）**健鸡剂** 此剂可治疗鸡食欲不振和生长缓慢等，有益气健脾、开胃消食和增重等功效。其配方为：党参、黄芪、茯苓各20克，神曲、麦芽、山楂各10克，甘草、炒槟榔各5克，共研为末，按2%混饲，连用5～6天。

（2）**蜂花粉** 此剂对肉鸡增重效果显著，还能提高肉品质量。1～30日龄雏鸡，日粮中按0.1%～0.3%混饲；30～60日龄仔鸡按0.5%～1%混饲，让仔鸡自由采食，可提高增重4%～7%。

（3）**艾叶** 此药对鸡有行气健胃和温中散寒等功效，对肉鸡增重和蛋鸡增加产蛋等有作用。将艾叶研成末，按 2%～2.5% 混饲，供鸡自由采食，可长期使用。

（4）**麦饭石或沸石** 此剂有改善食欲、促进消化吸收和加快生长等作用。麦饭石粉按 1%～2% 混饲，沸石粉按 2%～3% 混饲，供肉鸡自由采食，可长期使用。

5. 促进产蛋

（1）**蛋鸡剂** 本剂有健脾益气和补肾壮阳的功效，可延长产蛋期和提高产蛋率。其配方为：黄芪 200 克，党参、茯苓、白术、山楂、神曲、麦芽、菟丝子、蛇床子、淫羊霍各 100 克，混合研成末，按 2% 混饲，产蛋期连用 3 周。

（2）**激蛋剂** 此剂有补肾强体、清热解毒和活血祛瘀等功效，可治疗蛋鸡产蛋功能下降和输卵管炎等。其配方为：菟丝子、当归、川芎、牡蛎、肉苁蓉各 60 克，虎杖 100 克，丹参 60 克，地榆、白芍各 50 克，丁香 20 克，共混研成末，按 1% 混饲，连用 2～3 周。

（3）**降脂增蛋剂** 该剂有暖宫活血和益脾补肾的功效，可治蛋鸡产蛋下降等，还有降低鸡蛋胆固醇含量的作用。其配方为：刺五加、仙茅、当归、何首乌、艾叶各 50 克，党参、白术各 80 克，松针 200 克，山楂、麦芽、神曲各 40 克，混研成末，鸡每只每天喂服 0.5～1 克，连用 10～15 天，也可混饲使用。

6. 改进禽蛋品相

（1）**苍术** 此药有健脾燥湿等功效，主要用于鸡蛋蛋黄增色。将苍术研成末，按 2% 混饲，产蛋期间日常供食。

（2）**红辣椒** 可使蛋黄增色。将其研末，按 0.1% 混饲，日常供蛋鸡采食。

（3）**紫苜蓿** 研成末，按 5% 混饲，日常供蛋鸡采食。

（4）**玉米花粉** 按 0.5% 混饲，按日常方式供蛋鸡采食。

7. 防控蛋鸡产软壳蛋

方一：茯苓 30 克，当归 20 克，地龙 30 克，共研成末，用适量蜂蜜调制成黄豆大小的丸剂，每只每日喂服 1～2 次，每次 6～8 粒药丸，连用 6～10 天。

方二：地龙粉 40 克，菟丝子 30 克，牡蛎 30 克，共研成末，用适量蜂蜜调制成黄豆大小的药丸，每只每天喂服 3 次，每次 8～10 粒药丸，连用 6～10 天。

方三：将已经消毒处理的蛋壳炒黄并研成末，按 2%～3% 混饲，产蛋期间日常供蛋鸡采食。

第二章

病毒性疾病

一、高致病性禽流感

高致病性禽流感是养禽业的烈性传染病，家禽一旦染病，损失惨重；若人感染，将造成严重后果。

【病原及流行】 禽流感病毒分布于全世界。根据其致病性之不同，可以分为高致病性、低致病性和无致病性禽流感病毒。H_5、H_7 等亚型毒株是高致病性禽流感毒株。水禽是禽流感病毒的重要宿主，但多不表现症状。带毒水禽所排粪便污染水源等是重要的传播途径。家禽、野禽等都易感染禽流感。野生鸟类是亚洲部分国家高致病性禽流感的传染源，其病毒毒株为 H_5N_1、H_7N_9 和 H_7N_7 等。病毒主要经病禽的分泌物、排泄物、尸体及其污染的饲料、饮水、生产工具、运输车辆和其他物体直接和间接接触传播。呼吸道和消化道是主要感染途径。禽流感发生无明显季节性，夏秋季最少，冬春季发病率和死亡率最高。高致病性禽流感病毒对紫外线、高温、含碱和氯等消毒剂敏感，3～10分钟可灭活；60～70℃ 5～10分钟可灭活。

【症状及病变】 高致病性禽流感潜伏期一般为几小时至数天，最长21天。有的禽群突然发病，常无明显症状而突然死亡。幼禽染病，死亡率100%。成年禽病死率为10%～90%。病程稍长时，体温升高，精神沉郁，食欲废绝，羽毛松乱，咳嗽，呼吸困难，流泪，尖叫，鸡冠、肉髯发绀或呈紫黑色。病鸡腿部鳞片有红色或紫黑色出血点。病禽下痢，排黄绿色稀便，产蛋明显下降或停止。有的病禽不能走动和站立。水禽表现摇头和角弓反张。

病死鸡鸡冠普遍发紫，个别为银灰色或银白色，喙、眼睑、耳、鼻孔周围都有银灰色或银白色沉积物；鸡冠、肉髯和下颌部皮下组织水肿，有胶冻样物质渗出，内有大量清亮液体。患病鸡、鸭肝脏肿大，质脆，脂肪变性，呈土黄色。病鸭或病死鸭眼睑呈红色，有时发生结膜炎或失明。有些病死鸡、鸭腺胃黏膜乳头、腺胃与肌胃交界处、肌胃角质层下出血。病禽肺水肿、出血，气管黏膜出血。多数病鸡肾脏肿大，呈灰白色，输尿管里有沉积尿酸盐。

【预　防】　高致病性禽流感应防重于治，禽场若染病，将损失惨重。

1. 常规预防　①鸡场要选建在四周无树林的开阔地，远离水禽、野生鸟类栖息的河道、湖泊及公路、铁路等。②工作人员家中不可饲养家禽及鸟类等。③禽舍通风、透光条件应良好。④严防野禽进入禽舍。⑤防止水源和饲料被野禽粪便污染。⑥生产区和禽舍周围每天清扫1次，之后用2%氢氧化钠溶液或0.2%次氯酸钠溶液喷洒消毒；水、料槽每天清洁1～2次，之后用0.2%次氯酸钠溶液洗涤；进入饲养场的车辆要用2%～3%来苏儿溶液喷洒清洗，车轮经过2%氢氧化钠消毒池。⑦外来车辆、用具最好不进入生产区；严禁其他养禽场人员参观。⑧生产人员进入生产区，每次都应更换已用紫外线灯等消毒的衣、帽、鞋、靴等，手在1：10000新洁尔灭溶液中浸泡2～5分钟。⑨及时消灭生产区及周围的蚊、蝇、鼠；病禽或死禽必须及时焚烧或深埋土中1.5米以下。⑩坚决不到疫区引进种禽、种蛋等。⑪鸡、鸭、鹅等不可混养，禽类也不可与猪混养。⑫老人、儿童等老弱、病、残人员不得从事养禽工作或直接接触禽类。⑬必要时用0.2%～0.3%过氧乙酸溶液或0.2%次氯酸钠溶液带禽喷雾消毒，每天1～2次，可杀死禽体表、空气、地面及设施上的病原。⑭污水要集中，按每千克污水加入漂白粉5克搅拌，消毒 2～3 小时。⑮地面或土壤表面可用生石灰粉或 10% 漂白粉溶液或 4% 福尔马林溶液或 10% 氢氧化钠溶液喷洒消毒。

2. 免疫接种　7～14 日龄鸡、鸭每只胸部肌内注射 0.3～0.5 毫升特定亚型禽流感油乳剂灭活疫苗，25～30 日龄再免疫注射 1 次；青年、成年鸡、鸭每 2～3 个月免疫 1 次，每只每次胸部肌内注射疫苗 0.5～1 毫升。

【疫情处理】

（1）发现可疑禽群要立即向基层兽医站、县级畜牧兽医主管部门报告，请专家到现场会诊。

（2）已确诊的家禽不可以治疗，要全部扑杀并行深埋等无害化处理。参与扑杀的人员要穿防护服，所有人员、用具都要彻底消毒。疫点 3 千米以内的禽要坚决扑杀并焚烧或深埋，生产区及周围、禽类产品（如禽肉、蛋、精液、内脏、血液等）、排泄物、被污染的饲料等均应进行彻底的无害化处理。3～5 千米以内的所有禽类紧急免疫接种特定亚型禽流感灭活疫苗。

（3）疫区封锁令发布单位为所在县级以上人民政府。疫区划定后的边界各路口要设立检疫站，对过往的车辆、物品等进行检疫并消毒。

（4）疫点 10 千米内所有市场必须禁止一切活禽、禽肉、禽蛋等的交易。

（5）疫区内所有禽及其产品等要按规定处理并彻底消毒。21 天后，经有关部门批准方可解除封锁。

二、禽　痘

禽痘是一种接触性病毒传染病，感病率高但死亡率较低，不过对生长发育和产蛋量有较大的影响。染病家禽会在毛少或无毛的体表产生痘疹，有的会在口腔、咽喉部产生纤维素性假膜。

【病原及流行】　病原为鸡痘病毒。禽痘病毒属中有鸡痘病毒、火鸡痘病毒、鸽痘病毒、麻雀痘病毒和鹌鹑痘病毒几种。它们各有不同的易感宿主，不同病毒之间亲缘关系很紧密，具有一定的交叉保护性。人和其他哺乳动物不会感染禽痘病毒。病毒主要存在于病禽皮肤表皮细胞、黏膜、呼吸道和口腔等。病禽的分泌物和排泄物中也存有病毒。禽痘病毒对不良环境有较强的抵抗力，加热到60℃时，经30分钟才能杀死；干燥痂皮中的病毒，6～8个月仍有感染力；在 -15℃条件下，病毒活力可保存数年；鸡粪和泥土中的病毒，传染性可保持几周。氢氧化钠、甲醛、醋酸等消毒剂，短时内可将其杀死。鸡、火鸡、鸽、麻雀等易感，无论品种、年龄和性别，都会感染此病。雏禽最易感。病禽脱落下的皮屑、痘痂、唾液、鼻涕、咳嗽出的飞沫及排出的粪便等含有病毒。本病主要经家禽打斗、互啄等产生的伤口感染。蚊子等可携带此病毒几个月，是重要的传播媒介。本病一年四季都会发生，秋季以皮肤型禽痘为主；冬季以黏膜型占多。秋冬季成年鸡和产蛋鸡发病多，夏季肉仔鸡发病多。鸡群染病，发病率15%～80%，死亡率不会超过20%。鸭、鹅发病率、死亡率均比鸡低得多。禽舍密度高、寒冷阴湿、通风不良、蚊虫滋生和营养缺乏等，都会促发并加重本病的发生。病禽如未得到及时有效的治疗，会继发感染新城疫和呼吸道疾病等，加重危害，提高死亡率。

【症状及病变】 本病潜伏期4～8天。根据禽的受害部位及病理变化等，可分为以下4种病型。

1. **皮肤型** 病禽肉冠、肉髯、眼睑、腿部、翼下等处会长出小结节（痘疹）。小结节初期白色，渐渐增大，变为灰黄色，表面凹凸不平，形成疣状丘疹。小结节较多时，会慢慢生长融合在一起，形成较大的痂块。痂皮3～4周后会脱落，可看到灰白色痕迹。此型病禽病情较轻，危害不大。

2. **黏膜型（白喉型）** 病禽咽喉、气管和黏膜上产生黄白色小结节；小结节不断增大并融合，形成干酪样、黄白色假膜。假膜样物不断增多，如阻塞口腔和咽喉处，会造成采食和呼吸困难，病鸡张口呼吸、摇头、咳嗽，发出"咯咯"声，严重的会因呼吸困难、无法采食等而死亡。雏禽和中禽发生本型病的较多，病情较重，病死率较高。

3. 眼鼻型 病禽眼结膜发炎，眼、鼻中流出淡黄色黏稠液体。眼睛发炎、肿胀，内有炎性渗出物，严重的失明。

4. 混合型 两种或两种以上病型同时发生，病情往往较严重，更易继发感染，病死率较高。

【预 防】

1. 常规预防 ①适当降低饲养密度，减少家禽之间的相互打斗，可降低伤口发生率。②春、夏、秋季要做好禽舍内外蚊、蝇等的杀灭。③抓好禽舍内外环境的清洁卫生和消毒工作。④冬季做好防寒保暖；夏秋不忘防暑降温；春季抓好防湿和通风。⑤病重禽应淘汰。⑥病禽要隔离饲养。病死禽应行无害化处理。

2. 免疫接种 禽痘疫苗的预防接种采用翅内侧无血管处刺种，6日龄以上、20日龄以下的雏鸡刺种1针已稀释好的疫苗，20日龄以上鸡刺种2针，以后每隔半年免疫1次，成鸡保护期5个月，初生雏鸡保护期2个月；1日龄雏鹅1～2针，种鹅3～4月龄进行二免。疫苗接种3～5天后，要检查刺种部位是否有轻微红肿和结痂，如有表明接种成功，否则证明接种失败，要重新接种。

【治 疗】

1. 注射康复禽血 ①鸡每天肌内注射康复鸡血清0.5毫升；鸭每天肌内注射患康复鸭血清1毫升，鹅肌内注射康复鹅血清1.5～2毫升，连用2～3天。②为防继发感染，每千克饲料中混拌入2克土霉素饲喂，连用5～7天。

2. 西药治疗 ①病禽皮肤表面的痂皮和口腔、咽喉处的假膜用镊子等剥除，伤口涂搽碘伏等消毒。②眼部肿胀者，挤出眶下窦中的干酪样物，再用0.1%高锰酸钾溶液等消毒，滴入红霉素眼药水等。剥下的痂皮、假膜等不可随意抛弃，要集中深埋或烧毁，以免病毒扩散。

3. 中草药治疗 ①青黛、冰片、硼砂各等份，混研成粉末，用小型喷粉器喷于病禽咽喉假膜上，每只每次鸡0.1～0.15克，鸭0.2克，鹅0.3克。②鲜鱼腥草5克，适量水煎汁，10只鸡2天服完，每天早晚各1次。③黄芩、防风、苦参、丹皮、白芷、皂角刺、山豆根各50克，板蓝根、黄柏、金银花各80克，甘草、栀子各100克。将上述药共研末，每天每只鸡服用1～2克，连用3～5天。④鲜忍冬藤捣烂，揉成蚕豆大小。成鸡每次喂服5～6粒，雏鸡每次喂服2～3粒。每天3次，连用4～5天。⑤治黏膜型鸡痘。生地、连翘、麦冬、莱菔子、丹皮各50克，生甘草15克，板蓝根75克，知母25克（500只鸡用药量）。加适量水煎，过滤得药汁1升，灌服或拌料喂服，每天1剂，连用3～4天。⑥板蓝根、葛根、赤芍、金银花各20克，桔梗15克，甘草、蝉蜕、竹叶各10克，加500毫升水煎汁，供50只鹅或70只鸭1次饮服，也可拌料喂服，每天1次，连用3天。⑦取黄豆数粒，水泡胀后捣碎，擦鸡痘患处，3～4次可治愈。⑧用棉签蘸煤油，反复涂抹病禽患处。⑨鸡每天喂水豆腐6～10克，混饲，连用1周。⑩芦根适量，加水煎汁，凉后供病禽饮服或灌服，连用3～5天。⑪每10只鸡用紫草8克、胆草5克、白矾1.5克，加适量水煎汁，拌料喂服，连用3～5天。⑫茶油调鲜草木灰，涂抹患处，每天1～2次，连用3天。

三、禽白血病

本病在全世界发病逐渐增多，已成为家禽的重要传染病。它是病毒引起的多种慢性肿瘤传染病的统称。病禽淋巴细胞超常增生，渐渐肿瘤化，许多器官中有病灶，重病禽死亡率较高。此病可分为淋巴细胞白血病、成红细胞白血病、成髓细胞白血病和骨髓细胞瘤病4种，以淋巴细胞白血病最常见。

【病原及流行】 本病原为禽白血病、肉瘤病毒群中的病毒，属禽C型反转录病毒群。本病毒群有10个亚群，常见亚群为A、B、

C、D、E和J等。同亚群病毒有相同血清中和能力。A亚群与淋巴细胞白血病有密切关系，最为常见，其他群较少见。本病毒抵抗高温的能力较强，50℃条件下8分钟可将其灭活，60℃1～2分钟可灭活。低温条件下，病毒较长时间仍有感染力。它对甲醛、高锰酸钾等消毒药敏感，短时内可将其杀死。本病传染源是病鸡、带毒鸡。自然情况下，它可传染鸡、鹌鹑等。幼鸡易感染白血病，4～10日龄鸡发病最多。母鸡比公鸡易感染，芦花鸡比来航鸡发生白血病多；爱拔益加（AA）鸡、艾维茵鸡易染病，新布罗鸡和京白鸡等相对不易感。本病主要以直接、间接接触和种蛋传播。带毒种蛋孵出的幼雏自然带有病毒，终生带毒，其间会从分泌和排泄物中排出大量病毒，成为传染源。鸡群多在冬春季发病，发病率不高，病死率3%～5%。抗病力差、营养不足或不平衡、患寄生虫病和维生素缺乏等，会促发和加重本病。

【症状及病变】根据病禽的不同临床表现，可分为以下几种。

1. 淋巴细胞白血病 本型病最常见，自然感染的鸡多在14周龄以上发病，越接近性成熟发病率越高；14周龄以下的鸡一般不会发病。病鸡食欲不振，消瘦，喜伏卧和打瞌睡，鸡冠苍白、皱缩，有的变紫色；腹部偏大，手可按摸到肝肿大。病重鸡会因衰竭而死亡。

2. 成红细胞白血病 有增生型和贫血型两种。增生型病禽冠苍白，青紫色；精神委顿，腹泻，消瘦，有的毛囊出血，血液中成红细胞增多。贫血型内脏器官萎缩，冠白色或淡黄白色，体弱，贫血，精神委顿。

3. 成髓细胞白血病 本型病程比成红细胞性白血病长，但出现的症状大致相同。病禽血液中成髓细胞增加明显，每立方毫米血液中有成髓细胞200万个。

4. 骨髓细胞瘤病 本型病程较长。病禽骨骼上可见骨髓细胞增生长成的肿瘤。病禽头部长有异常突起，胸骨、肋骨等也长有肿瘤突起。

病禽肝脏肿大，为正常时的3～4倍，有许多结节肿瘤，切片淡灰色。脾、卵巢和法氏囊等也长有一些或大或小的淋巴瘤。肿瘤形状为结节型、粟粒型和弥漫型。肿瘤小的针头大小，大的如鸡蛋大。

【预　防】 ①淘汰重病禽，轻病禽尽可能也淘汰。②不到疫区和病禽场引进禽、蛋。③重视禽舍的清洁消毒。④病禽要隔离饲养。⑤种蛋、孵化器、孵化室及用具应严格消毒。⑥做好寄生虫病的防治。⑦病死禽要焚烧或深埋等，进行无害化处理。⑧投喂全价饲料，严防缺素症的发生。

【治　疗】 本病现无疫苗预防，也无有效药物治疗，因此平常的综合防控很重要。发病后可试用中草药治疗：黄芪、当归、麦冬、猪苓、丹参、淫羊藿、瓜蒌、薏苡仁、木香、郁金、艾叶、茵陈各12克。将上述药混合研成粉末，按每只鸡每天1.5克的用药量拌饲，连喂7～8天为1个疗程，共2个疗程。

四、普通禽流感

春、秋和冬季是普通禽流感（低致病性禽流感）的高发期。普通禽流感危害不重，很少致禽死亡，绝大多数禽只稍加治疗4～7天可痊愈。个别抵抗力强的禽不经治疗过几天也会自愈。

【病原及流行】 病原与高致病性禽流感同属A型流感病毒，只是血清型有差异。病毒有很强的抗低温和干燥的能力，但对热敏感，60℃10分钟或70℃2分钟可将其灭活。在寒冷和潮湿环境中可存活很长时间。存在于家禽粪便和鼻腔分泌物等中的禽流感病毒，40℃时可存活30～40天。常用的含氯和酚消毒剂对禽流感病毒都有较好的消毒效果。鸡和火鸡易感染禽流感病毒，珍珠鸡、野鸡和孔雀等次之；鹅、鸭等水禽常带毒，但多呈隐性感染。消化道、呼吸道、损伤的皮肤和眼结膜，是感染的主要途径。病禽、带毒禽和野鸟是传染源。吸血昆虫、病禽和带毒禽所产的蛋等可传播此病。不良的环境条件、欠佳的饲养管理和健康状况不好等，会促进和加重本病的发生。

【症状及病变】 病禽体温升高，精神不振，食欲下降，产蛋减少，消瘦；呼吸道症状为咳嗽、打喷嚏、啰音，呼吸困难；头和颜面水肿，皮肤发绀，流泪，羽毛松乱，身体蜷缩，下痢等。病重禽头部水肿，冠、肉髯发绀和充血；气管黏膜有轻度水肿，有浆液和干酪样渗出物；气囊黏膜有卡他性炎症，有干酪样积物；内脏黏膜出血，肠道和脂肪有点状出血；盲肠扁桃体出血，坏死；腺胃乳头出血，溃疡；肾肿胀，沉积有尿酸盐；卵巢萎缩，卵泡变形，输卵管发炎；公鸡睾丸出血，肿大。本病可根据流行特点和症状病变作出初步诊断，但确诊需进行实验室分离和鉴定。

【预 防】

1. 常规预防 ①坚持自繁自养，不到禽流感疫区引进种禽、种蛋。②对输入当地的活禽、鸟及其产品应进行严格检疫，发现染病活禽及产品要紧急进行隔离、消毒和无害化等处理。③禁止外来人、车进入禽场或产品加工区，特殊情况应进行严格消毒后方可进入。④工作人员和自用车等每次进入养殖区，都要消毒和换上消毒衣、帽、鞋等。⑤禽舍及周围每1～2天要清扫1次，无疫情时每隔5～6天全面消毒1次。⑥车辆、用具进入禽舍要消毒。⑦发生疫情时，每天或每隔1～2天带禽消毒1次。⑧全进全出的禽舍，每批禽出售后，禽舍及用具等应进行全面清洁，之后关闭门窗对禽舍及用具等熏蒸消毒。⑨种蛋入孵要消毒。

2. 免疫接种及药物预防 ①发病季节要定期选用当地流行的亚型疫苗进行免疫预防。蛋鸡在20～30日龄首免，产蛋前120～140日龄二免，240～260日龄进行三免。肉仔鸡1～10日龄免疫1次。其他禽类免疫时间按说明书免疫接种。②每1000千克饲料中混拌入金丝桃素400克，连用4～7天。

【治 疗】

1. 注射高免血清等 ①肌内注射禽流感卵黄抗体或抗血清，雏鸡1～2毫升、鸭2毫升、鹅2毫升，中、成鸡2～3毫升、鸭3

毫升、鹅4毫升，每天1次，连用2～3天。②病初肌内注射聚肌胞，成鸡0.5～1毫升、鸭1.5毫升、鹅2.5毫升，每3天注射1次，连用2～3次。③病初口服或肌内注射禽用基因干扰素，鸡0.01毫升、鸭0.02毫升、鹅0.02毫升，每天1次，连用2天。

2. 西药治疗　板蓝根注射液或口服液，肌内注射或口服，成鸡2～4毫升、鸭4毫升、鹅5～6毫升，同时用阿莫西林0.01%～0.02%混水供禽自由饮用，每天2次，连用3～5天。

3. 中草药治疗　①大青叶40克，连翘30克，黄芩30克，菊花20克，牛蒡子30克，百部20克，杏仁20克，桂枝20克，黄柏30克，鱼腥草40克，石膏60克，知母30克，款冬花30克，山豆根30克（300～500只鸡1天剂量）。用适量水煎，取汁凉后让鸡自饮，每天1剂，连用2～3天。②石榴皮15克，鱼腥草15克，贯众10克，松针粉5克，连翘10克，蒲公英5克，金银花10克，荆芥穗10克，秦艽10克，大黄10克（50只鸭，鹅1天的治疗用药量或100只鸡1天的预防用药量）。所有药共研末，过20目筛，拌料喂服。

五、鸡新城疫

　　鸡新城疫是一种病毒性急性传染病，各年龄的鸡都会感染发病，雏鸡更甚。此病一年四季都可发生，春秋季最易流行，病情如得不到有效控制，死亡率极高。

　　【病原及流行】　本病病原为副黏病毒科腮腺病毒。它可凝集鸡、鸭、鹅、火鸡、人的红细胞，这是试验室鉴定此病的重要依据之一。此病毒在pH值2～10都有感染力；对高温抵抗力弱，60℃条件下30分钟会被杀死，阳光直射30分钟失去活力。低温有利于其存活、传染，温度越低，存活时间越长。甲醛、来苏儿、漂白粉等消毒药品只需几分钟或20分钟就可将其灭活。消化道、呼吸道是此病的主要感染途径。病毒存在于病鸡的肉、血、内脏、羽毛、分泌物和排泄物等中。病鸡、带毒鸡、带毒野禽是本病的传染源。鸡最易感染本病，鸽子、珍珠鸡、火鸡、野鸟等也易感染。雏鸡、中鸡对此病抵抗力弱，受侵害的可能性最高。鹅、鸭对其有很强免疫力，即使染毒也不会发病。春秋季是本病的流行期，其他季节也会发病，但相对少而轻。

【症状及病变】　本病潜伏期 3～5 天。最急性病鸡会在白天或晚上突然倒地死亡。病鸡精神萎靡，翅膀下垂或缩颈垂头，羽毛松乱，食欲大减或近无，饮欲增加，闭目或半睁眼，鸡冠和肉髯渐变为暗紫色或紫红色。母鸡发病，产蛋停止，有的会产软壳蛋。病情加重时，会出现呼吸困难、咳嗽、张口呼吸、伸头颈、鼻孔流黏液、发出"咕噜"声、嗉囊充满液状物等症状。急性病鸡下痢，排出的粪便黄白色或绿色，后期粪便呈蛋清样。急性病鸡多 3～5 天死亡。转为慢性型的病鸡，会出现运动失调，站立不稳，跛行，头颈向一侧或向颈后扭曲、腿脚麻痹等症状。病鸡腺胃乳头或乳头间有明显的出血点或溃疡、坏死，黏膜水肿；消化道、呼吸道淋巴组织出血、肿胀、坏死鲜明；肌胃角质层下有出血点；气管黏膜充血，内有较多黏液；蛋鸡输卵管充血，卵巢破裂；十二指肠和小肠黏膜上有出血点或溃疡。确诊本病需经实验室分离鉴定病毒。

【预　防】

1. 常规预防　①平时要做好鸡舍、地面、四周环境、生产用具、运输车辆、粪便、饮水、人员等的消毒工作。②不到疫区或有疫情的鸡场购买种蛋、种鸡、雏鸡。新购进的鸡要接种疫苗并隔离观察 30 天以上，确定安全后方可进舍或并群饲养。③使用优质全价饲料，提高鸡体抗病力。④疫苗接种前 5 天和免疫接种后 15 天，在饲料中适当加量添加维生素 A、维生素 D_3 等，可提高疫苗免疫效果。

2. 免疫接种　本病无特效治疗药物，接种疫苗是有效又经济的防控方法。①蛋（种）鸡 7～10 日龄鸡首免用Ⅳ系苗点眼或滴鼻；二免在 30 日龄时进行，用Ⅳ系苗点眼或滴鼻；60 日龄鸡肌内注射

Ⅰ系苗；120日龄鸡肌内注射Ⅰ系苗，此后每隔半年免疫1次。肉鸡免疫2次就可以，第一次在10日龄点眼或滴鼻接种Ⅳ系苗，第二次在30～40日龄点眼或滴鼻接种Ⅳ系苗。②紧急免疫可根据鸡的日龄大小倍量接种Ⅰ系苗、Ⅱ系苗和Ⅳ系苗，接种5～7天后不会再出现新的病鸡。

【治　疗】

1. 注射高免血清和卵黄抗体　高免血清和卵黄抗体对病初鸡有一定的治疗效果，二者任选其一，皮下或肌内注射2～3毫升。

2. 中草药治疗　清热解毒、止痢、抗病毒、平喘的中草药方剂对治疗本病有一定作用，可参考选用。①巴豆、米壳、皂角各50克，雄黄20克，香附、鸦胆子各100克，鸡矢藤25克，鲜韭菜、鲜钩吻各250克，鲜了哥王1 000克，狼毒100克，鲜血见愁500克。将上述药共研为末，过筛，每30克包1包。每千克体重用1克药，用少量红糖和白酒为引，加入凉开水5毫升，调和后灌服，每日3次，连用3～5天。②大黄15克，大青叶15克，龙胆草15克，苦参15克，巴豆15克，桑根20克，生地10克，甘草15克。此为100只鸡一次的用药量。煎药时加入2～3升水，煎到1.5～2升药液，候温灌服，每日3次，连用3天。服药前病鸡断食1天。③半边莲250克，马齿苋150克，大蒜头100克，烤苍术50克，烤干辣椒25克，雄黄75克，烤樟木叶75克。此为100只鸡用药量。将上述药混合研末喂鸡。④穿心莲50克，鲜桃叶25克，十大功劳100克，黄荆150克，九节茶75克，三叉苦75克，三白草50克，鲜苦楝根皮150克。加适量水，煎至1 300毫升，灌服，每次10毫升，每天3次，连用3天。

六、鸡传染性法氏囊病

此病对雏鸡危害最大，是一种高度接触性传染病。本病传染快，如不尽快防控，病死率很高。

【病原及流行】　本病病原为传染性法氏囊病毒，鸡和火鸡是自然宿主。此病毒专一性强，从不同种类禽体分离的病毒不会相互感染。病鸡、带毒鸡、病鸡是传染源。其排出的粪便和分泌物含有病毒，污染禽舍、地面、饮水、垫料、用具等。小粉甲虫的幼虫可为传播媒介。自然界中的病毒有较强抗逆力，-20℃条件下3年后仍有侵染力；鸡舍中的病毒可存活100多天；对病毒加热到56℃，可存活4～5个小时。此病毒对季铵盐、氯仿和酚类等不敏感，具较强抗性，但对过氧乙酸、甲醛等消毒剂敏感，可在短时内将其杀灭。任何品种的鸡对本病都具易感性，2～11周龄易发病，3～6周龄最易发病；成鸡带毒但多不会发病。无母源抗体的雏鸡，出壳后不久会感染野毒发病。鸡群往往突然发病，2～3天致60%～70%鸡发病，3天出现死亡，4～5天死亡达高峰，随后很快平息，流行呈一过性。

【症状及病变】　此病潜伏期很短，只有1～4天。病鸡精神委顿，食欲大减或无，翅松垂，闭目，缩颈，羽毛松乱无光泽，怕冷，喜在温暖处扎堆，排白色水样粪便，肛门周围的羽毛多被粪便污染。急性病鸡，1～2天就会死去；一般病鸡3天出现死亡，7～8天后死亡停止。病（死）鸡可见法氏囊水肿，似胶冻样，内有较多黏液，外形增大、变圆，重量是正常鸡的2倍；有的病鸡法氏囊色如紫葡萄，出血较多，5天后法氏囊出现萎缩，黏膜表面有点状或弥漫性出血。突然发病、传染快、流行呈一过性是此病的最大特点，据此可作出初步诊断，确诊需经实验室诊断。

【预　防】

1. 常规预防　①重视鸡舍日常清扫和消毒工作。②不到疫区和发病鸡场引入鸡或种蛋。③天气突变时，要强化鸡舍的防暑降温或增温保暖等工作。④饮水中添加0.5%食盐和5%白糖，供鸡自由饮用。

2. 免疫接种　传染性法氏囊炎弱毒D_{78}疫苗免疫接种方法为点眼、饮水、滴鼻等。无母源抗体雏鸡5～7日龄首免，5周龄后二免。雏鸡有母源抗体时，14～21日龄首免，5周龄后二免。母鸡40周龄和120～140日龄各肌内注射1次油乳剂灭活苗，可使后代雏鸡获得被动免疫。

【治 疗】

1. 注射高免血清等 ①病初尽快肌内注射1次抗传染性法氏囊炎高免血清，每只0.5～1毫升。②病初尽快肌内注射高免卵黄抗体，每只1.5～2毫升。

2. 中草药治疗 ①艾叶、苍术、防风、蒲公英、荆芥各等份，每立方米鸡舍用量150克。将上述药研碎，混合均匀，放入几个金属盆内，均匀布点于鸡舍内，密闭门窗，点燃熏烟1～2小时，之后开门窗通风散烟。每天燃熏1剂，连用2～3天。②紫草50克，茜草30克，甘草50克，板蓝根50克，绿豆50克（50千克体重鸡用药量）。适量水煎，药液拌饲料喂鸡；也可用第一次煎的药液拌饲料，第二次煎的药液供饮用。重病鸡可灌服。1天用1剂，连用2～3天。③黄芪15克，茯苓15克，陈皮15克，党参15克，黄芩15克，甘草10克，白术15克，黄连15克，茵陈15克（200只50日龄鸡用药量）。适量水煎，药液候温后饮服或灌服，每天1剂，连用4～5天。④板蓝根、蒲公英、大青叶各200克，黄芩、甘草、金银花、黄柏各100克，生石膏50克，藿香50克（500只体重0.5千克鸡用药量）。每次加水3升煎汁，共煎煮2次，将2次煎汁混合供鸡1天饮用，每天1剂，连用2～3天。

七、鸡传染性支气管炎

鸡传染性支气管炎是一种急性呼吸道传染病，有很高的接触传染性，咳嗽、气管啰音、打喷嚏是本病基本特征。产蛋鸡发病，产蛋量和蛋的质量下降较明显。

【病原及流行】 此病原为冠状病毒属鸡传染性支气管炎病毒，有十几个血清型毒株，我国以M41型为主。该病毒主要存在于病鸡和带毒鸡的呼吸道分泌物、血液、脏器、粪便等中。病鸡从呼吸道排出病毒,飞沫经空气传染给其他鸡。甲醛、酒精、百毒杀、高锰酸钾等溶液几分钟可将其杀灭。病鸡、带毒鸡是本病的传染源。病毒经呼吸道、消化道和眼结膜等传染。鸡不分年龄大小都会感染此病,但雏鸡发病多而重。鸭、鹅等多不会感染此病。40日龄内的鸡发病多,死亡率高。易感鸡群发病率70%～100%,死亡率3%～6%,高的20%～60%。本病一年四季皆可发病。鸡舍通风不良、暑热、寒冷、饲养密度过大、营养不足或不平衡等会促发本病。病鸡多会混合感染大肠杆菌和支原体等。

【症状及病变】 鸡人工接种鸡传染性支气管炎病毒,18～36小时发病。自然染病的鸡,潜伏期1～7天。不同年龄的鸡,发病后出现的症状也不尽相同。4月龄以内的鸡全群几乎会同时发病,其典型症状为咳嗽、气喘、流鼻涕、打喷嚏、流泪、张口伸颈呼吸等。雏病鸡怕冷,喜扎堆,饮水增加,食欲下降。成年鸡饲管正常时,即使发病也很少死亡。产蛋鸡发病,产蛋量下降明显,病重的可减少50%;有的病鸡产软壳和蛋清稀薄又浑浊的蛋。病鸡精神委顿,流泪,咳嗽,食欲下降,下痢,严重者死亡。

根据不同临床表现,该病可分为呼吸型、腺胃型和肾病型,其主要症状基本相同。

病鸡气管、鼻腔、喉等会出现卡他性炎症或干酪样渗出物。气管黏膜充血和水肿,内有水样或半透明黏液。肺支气管增厚,气囊内有黄色干酪样分泌物。肾肿胀,变苍白;输尿管和肾小管膨大,内充满白色尿酸盐。产蛋鸡腹腔内有液状卵黄物。

【预 防】

1. 常规预防 ①重视鸡舍的防暑降温和防寒保暖。②抓好日常的清扫、卫生消毒等工作。③平衡饲料营养,提高鸡的体质,增强抗病能力。④保持合理饲养密度。

2. 免疫接种 接种疫苗是预防本病最有效和经济的手段。疫苗主要有鸡传染性支气管炎弱毒 H_{120} 和 H_{52} 苗。雏鸡首免用鸡传染性

支气管炎 H_{120} 苗，雏鸡二免和成鸡免疫用毒力较强的鸡传染性支气管炎 H_{52} 苗。点眼、滴鼻和饮水免疫均可。

鸡传染性支气管炎参考免疫程序：① 10～14 日龄鸡，用鸡传染性支气管炎 H_{120} 苗和新城疫Ⅱ系苗或新城疫Ⅳ苗混合点眼或滴鼻。② 135 日龄前后的鸡，用鸡传染性支气管炎 H_{52} 苗饮水接种。③肾型和腺胃型病鸡场，要选用 F 株油乳剂灭活苗或新城疫、传染性支气管炎 F 株、病毒性关节炎三联油乳剂灭活苗免疫。

【治　疗】

1. 西药治疗　对肾型病鸡，饮水中加入 0.2% 肾肿解毒药和多种维生素供鸡饮服或灌服，连用 3～4 天，有较好效果；也可用 40% 乌洛托品，按每千克体重 80 克溶解于饮水中，每天 2 次，连用 2 天。

2. 中草药治疗　①板蓝根、百部、栀子、连翘、知母、金银花、甘草、黄芩、杏仁各等份。共研成粉末，按 1% 混料饲喂，连喂 3 天。②三叉苦（去根用全草）、穿心莲各 500 克，黄葵、蜂窝草各 600 克（1000 只鸡一次用药量）。将药切碎、混合，加水 20 升，煎煮 20 分钟，过滤取汁备用。用药时按药水比 1:4 加凉开水或深井水稀释，每天早上给鸡自由饮用 1 次，连用 3 天为 1 个疗程，一般用药 1～2 个疗程。③大青叶 300 克，连翘 200 克，金银花 200 克，麻黄 300 克，黄芩 150 克，黄连 200 克，麦冬 150 克，桔梗 100 克，制半夏 200 克，蒲公英 150 克，石膏 250 克，甘草 50 克，桑白皮 150 克，菊花 100 克（5 000 只雏鸡 1 天用药量）。用适量水煎汁，取药汁凉后让鸡自由饮用，连用 3～5 天。也可将上述药共研成粉末，混拌于饲料中喂鸡，每只雏鸡平均每天用药 0.5～0.6 克。④连翘 30 克，双花 10 克，板蓝根 30 克（100 只鸡用药量）。加适量水煎成 100 毫升，过滤、喷雾，每天上、下午各 1 次，连用 2～3 天。⑤杏仁 15 克，五味子 15 克，茯苓 5 克，麻黄 15 克，桔梗 5 克，紫菀 10 克，半夏 10 克，石膏 15 克，甘草 5 克（60～100 只鸡用药量）。加适量水煎汁，取药液 150～200 毫升供鸡饮用，连用 5～7 天。

八、鸡马立克氏病

鸡马立克氏病广发于全世界，是一种病毒性淋巴组织增生性传染病，对雏鸡的危害尤甚，是养鸡业的严重威胁。

【病原及流行】 本病原为疱疹病毒科鸡疱疹病毒 2 型马立克氏病病毒。此病毒可分为致瘤的 1 型马立克氏病病毒、不致瘤的 2 型马立克氏病病毒和 3 型火鸡疱疹病毒 3 个血清型。病毒主要存在于病鸡和带毒鸡的脏器、血液、皮肤羽囊上皮、分泌物和排泄物中。脱落的鸡皮肤羽囊上皮细胞内含有大量病毒，具很强的传染性。垫料、粪便等中的病毒在室温下，110 天仍有传染性。干燥羽毛中的病毒在室温下，传染性能保持 8 个月；保存于 4℃ 下，传染性可保持 7 年。该病毒对甲醛、百毒杀、高锰酸钾等消毒药敏感，短时可将其杀灭。鸡对本病最易感染，火鸡、野鸡等也会自然感染，但它们之间感染的病毒株不同。病鸡、带毒鸡是传染源。脱落的羽毛、皮屑、分泌物、排泄物含有病毒，污染饲料、饮水、生产用具等，直接或间接接触传播，还可经空气传播。蚊子和螨虫等是本病的传播媒介。雏鸡是本病的最大受害者，发病率和死亡率很高，常达20%～30%，高的 60%～70%。母鸡比公鸡易感染此病。成鸡带毒但不一定发病，成为隐性带毒鸡。

【症状及病变】 本病根据发生部位和临床症状可分为以下 4 型。由于鸡日龄等不同，本病的潜伏期长短不一。

1. 神经型 病变神经主要为周神经、臂神经、坐骨神经和腹腔神经等。臂神经受害，表现一侧或双翅下垂。坐骨神经受害，表现一肢或两肢半麻痹，运动失调，步态不稳，一肢伸向前、一肢伸向后，不能行走，呈"劈叉"态；重病鸡完全麻痹，伏地不起。支配颈部肌肉的神经受害，病鸡头部低垂或歪斜。颈部迷走神经受害，表现嗉囊扩张，出现呼吸困难、气喘、腹泻等症状。病鸡难以行走，影响觅食和饮水；重病鸡会因饥饿消瘦、脱水，最后衰竭而死或被其他鸡踩死。

2. 内脏型 病鸡精神不振，食欲下降，不喜行动，消瘦，下痢，多缩颈呆立鸡舍角落。50～70 日龄鸡多发此型，死亡率比神经型高，病重时死亡率达 70%～80%。

3. 眼型 病鸡两眼或一眼视力下降或几近失明，正常虹膜色素消失，如同心环或斑点状，有的呈弥漫灰白色，又称"灰眼"或"珍珠眼"等；瞳孔边缘呈锯齿状，不整齐，严重时瞳孔仅剩下一个比芝麻粒还小的孔或完全失明。

4. 皮肤型 病鸡颈部、腿部、背部等羽毛粗大处羽毛囊肿大，出现米粒和蚕豆大小的结节或瘤状物。

病鸡神经肿大到正常的 2～3 倍，颜色由银白色变成灰白色或黄白色，如水浸过一样，神经表面有小结节，如仔细观察可发现神经多为一侧性病变。心、肝、肺、肾、脾、虹膜、皮肤和骨骼肌等处有灰白色大小不一的肿瘤，尤以卵巢处最明显。肌肉病变主要出现在胸肌处，肌肉灰白色，有大小不一的小结节。

本病可根据上述特征作出初步诊断，确诊需进行实验室病毒分离鉴定。

【预 防】

1. 常规预防 ①做好养鸡场的全程卫生消毒和清扫工作。②病鸡、疑似病鸡、健康鸡要隔离分开饲养。③最好自繁自养。不到疫区和病鸡场引入鸡和种蛋。④成鸡和雏鸡要分开饲养。⑤及时淘汰病鸡。

2. 免疫接种 ①火鸡疱疹病毒疫苗。适用于 1～3 日龄雏鸡，免疫 10～14 天后产生免疫力，保护期 18 个月。②鸡马立克氏病"814"弱毒疫苗。适用于 1～3 日龄的雏鸡，免疫 8 天后产生免疫力，保护期 18 个月。③马立克氏病 CV1988/Rispens 冷冻疫苗。适用于 1 日龄雏鸡，免疫 5 天后产生免疫力，有效保护率 94%～100%。④马立克氏病多价疫苗。主要有 SB-1、Z4、火鸡疱疹病毒双价疫苗等，都有较好的免疫效果。

【治　疗】 中草药治疗：①大青叶、黄柏、连翘、党参、黄连、黄芩、泽泻、柴胡、银花、淫羊藿各3克，甘草1克（10只成鸡用药量）。适量水煎，取汁候温，让鸡自由饮用或灌服，每天1剂，连用3天。②连翘、板蓝根、大青叶、黄芪、苦参、穿心莲、射干、杜仲、莪术、泽泻、柴胡、甘草各等量。每只鸡每天共用药1.5～2克。上述药用适量水煎，取药汁候温，自由饮服或灌服，连用7天，隔6～7天再用药7天。

九、鸡传染性喉气管炎

鸡传染性喉气管炎传播快，感染率和死亡率高，如不及时防控，死亡率可高达40%～80%。它是一种呼吸道急性传染病，广泛发生于全世界。

【病原及流行】 本病原为疱疹病毒科、疱疹病毒属鸡传染性喉气管炎病毒。病毒主要存在于病鸡气管组织、分泌物、排泄物、血液、肝脏中。它对不良外界环境条件抵抗力弱，高温、水煮等易将其杀死。高锰酸钾、来苏儿、甲醛等消毒剂数分钟就可将其杀死。4℃条件下，病毒经14～66天仍有感染性；冻干后的病毒放冰箱内，可存活10年。病鸡、带毒鸡是传染源。接种过本病毒活疫苗的鸡也能在较长时间内成为传染源。有的鸡带毒可长达16个月。感染途径为呼吸道、眼结膜和消化道。鸡和野鸡最易感染本病，鸭、鹅对此病有一定的抵抗力。雏鸡受本病危害最重，会引起大批死亡。鸡群如发病，会很快传播，致90%以上的鸡感染；若得不到有效控制，平均死亡率10%～20%，严重的达40%～80%。本病一年四季都可发生。鸡舍通风不良和阴暗潮湿、鸡群密度过高、寒冷、高温、饲料营养不足或不平衡、感染寄生虫和缺乏维生素A等，会促发本病。

【症状及病变】 鸡自然感染此病，潜伏期5～12天。病鸡咳嗽、气喘、打喷嚏、啰音和鼻孔有半透明黏性分泌物等是本病的突出症状。急性病鸡发病快，有的会突然死亡。发病雏鸡表现咳嗽、流鼻涕、气喘、打喷嚏、呼吸时发出"咕噜、咕噜"的啰音。重病鸡呼吸困难，咳嗽时痉挛，咳出带血的黏液；有时咳出的带血黏液喷溅在鸡舍四周、鸡笼和邻近的鸡身上。分泌物难以咳出时，病鸡会窒息而死。病情较缓的鸡出现结膜炎、气管炎、流泪、产蛋下降、鼻炎、眶下窦肿大、生长缓慢等症状，病程比较长，死亡率低，但较易继发感染。

病鸡典型病理变化为：喉裂和气管内有血液或血样渗出物，呼吸道黏膜充血、出血、肿胀；随着病程延长，会出现豆腐渣样黄色栓子阻塞气管和喉头。

根据病鸡咳嗽、气喘、张口呼吸、咳出带血黏液和气管内有带血黏液或血凝块等，可对本病作出初步诊断，确诊需实验室病毒分离、鉴定。

【预　防】

1. 常规预防　①病鸡应隔离饲养。重病鸡果断淘汰。②做好消毒卫生工作。③病愈鸡不可与易感鸡群合群饲养。④不要从有疫情的鸡场进成鸡、雏鸡和种蛋等。⑤低温季节，适当提高育雏舍温度可降低感染率。⑥每千克饲料中拌入0.1克土霉素，可预防本病暴发。

2. 免疫接种　接种鸡传染性喉气管炎弱毒疫苗可较好防控此病。此疫苗点眼、滴鼻和饮水免疫都可以，使用剂量按产品说明书。首免为28日龄，6周后进行二免。病鸡群在初期紧急接种弱毒疫苗有一定防控效果。

【治　疗】

1. 中草药治疗　①黄芩、知母、桑白皮各160克，苏子、杏仁各150克，半夏130克，木香、牛蒡子、麻黄、柴胡各120克，甘草75克。加适量水煎煮，去渣取汁，候凉后供500只鸡1天饮用。此方主要治疗气喘型病鸡。②山豆根、地榆、射干、血余炭、牛蒡子各50克，板蓝根、桔梗、玄参、紫苏子、麦冬各30克，猪胆汁 100 毫升。共研成粉末，后与猪胆汁充分混拌，晾干后装入有色瓶内备用。将药吹入病鸡喉中，每次每只雏鸡 0.1～0.2 克，成鸡 0.3～0.5 克。此药方主治喉型病鸡。③黄芪、大黄、黄芩、栀子、石决明各 50 克，没药、黄药子、郁金、决明子、白药子各 30 克，龙胆草、菊花各 20 克，甘草 15 克。加适量水煎煮，去渣取汁，凉后供 500 只鸡 1 天自饮。此方主治眼型病鸡。④硼砂、冰片、朱砂各 3 克，元明粉 30 克。共研成粉末，每天每只蛋鸡喂服 1.5 克，连用 3～5 天。

2. 中西医结合治疗 ①每千克体重鸡肌内注射泰乐菌素 3～6 毫克，每天 2 次，同时在饮水中按产品说明书要求添加禽喘康，连用 3 天。②龙胆草、鱼腥草、板蓝根、连翘各 1.5 份，甘草、金银花各 0.5 份，半夏、桔梗、贝母各 1 份，共研成粉末，混饲喂鸡，每只每天 2 克，连喂 5 天，同时按每千克鸡体重 0.7 克在饲料中拌入禽菌灵粉，连用 3 天。中药方剂早晚用，禽菌灵粉中午用。

十、鸡产蛋下降综合征

本病对蛋鸡养殖有很大威胁。产蛋母鸡发病，产蛋会下降 10%～30%，严重的超过 60%，产畸形蛋、软壳蛋、无壳蛋增多，大大降低商品性。

【病原及流行】 病原为禽腺病毒属、禽腺病毒Ⅲ群。该病毒可凝集鸡红细胞和哺乳动物红细胞。室温条件下，此病毒可存活 6 个月，较耐高温，56℃时可存活 3 小时，60℃ 30 分钟才失去致病性，70℃ 20 分钟方可杀死。甲醛、氢氧化钠、来苏儿等消毒药剂能使之灭活，但所需时间比其他病毒长。病毒主要存在于病鸡卵巢、输卵管、泄殖腔、精液等中。病鸡、带毒鸡是主要传染源。此病可经种蛋垂直传播，亦可水平传播。水平传播很慢，一个鸡舍发病，相邻鸡舍的鸡不一定会感染发病。产蛋高峰期的鸡易感染此病。本病毒的自然宿主是家鸭和野鸭。鸭、鹅、天鹅、海鸥等存在此病毒的抗体。无论雏鸡还是成年鸡都会传染此病。产褐色蛋壳的种母鸡和肉鸡对本病最易感染；产白色蛋壳的母鸡较少染病。幼鸡性成熟前即使染毒也不会发病，检不出抗体，开产后血清才变为阳性。母鸡产蛋初期如受应激反应，会激活病毒而致发病。

【症状及病变】 病鸡病状不明显或无症状。产蛋鸡群产蛋骤然下降10%～30%，严重的超过60%，并产畸形蛋、软壳蛋、薄壳蛋或无壳蛋。这些劣质蛋表面似有沙粒，如粗糙的砂纸；有色蛋的颜色变浅，破损率30%～40%。蛋鸡产蛋下降30～70天后，又会慢慢恢复正常。有的病鸡会出现精神不佳、羽毛松乱、食欲下降、贫血等症状。病鸡卵巢发育不全或萎缩，成熟卵泡软化；输卵管、子宫有炎症，黏膜水肿或出血，管腔内有白色渗出物。

产蛋鸡产蛋突然大幅下降，且畸形蛋、软壳蛋、薄壳蛋等比平时明显增多，可作出初步诊断，确诊还要依实验室病毒分离和鉴定。

【预　防】

1. 常规预防　①鸡与鸭、鹅等不要同舍饲养。②不到有疫情的鸡场引入鸡和种蛋等。③病蛋鸡建议淘汰。病鸡所产蛋不可作种用。④抓好鸡场日常的卫生消毒工作。

2. 免疫接种　是预防本病最有效的方法。疫苗主要有产蛋下降综合征油乳剂灭活苗和鸡新城疫、产蛋下降综合征二联苗等。母鸡开产前2～4周，每只皮下或肌内注射0.5毫升。没发过病的鸡场，一般18～20周龄免疫接种；发过病的鸡场，100日龄先肌内注射单苗，135～145日龄肌内注射双联苗。

【治　疗】

1. 中草药治疗　①大青叶、板蓝根、黄柏、黄芩、黄连、金银花各50克，白药子、黄药子各30克，甘草50克。上述药混合，加入井水或河水5 000毫升，煎煮取汁2.5升，连煎2次，共获药汁5升，再加入1千克白糖，候温后供50只鸡一次饮服，每天1剂，连用3～5天。②熟地10克，党参、女贞子、黄芪、淫羊藿、阳起石各20克，益母草10克，补骨脂1克。将上述药混合研成粉末，按 1.5% 混饲，连用 5 天。

2. 紧急接种 已发病的鸡群，可于病初接种产蛋下降综合征油乳剂单苗，每只肌内注射 0.7～0.8 毫升，能大大缩短产蛋下降的时间。

十一、鸡传染性脑脊髓炎

本病由鸡脑脊髓炎病毒所致，是中枢神经系统的传染病，主要危害 7～10 日龄的雏鸡；成年母鸡染病，短期内产蛋量下降较明显。病鸡两肢半麻痹，头颈部震颤，运动失调。

【病原及流行】 本病原属细小病毒科、肠道病毒属。不同毒株的理化和生化特性差异不明显，不过野外毒株和鸡胚株之间差异较大。病毒对不良外部环境有较强抵抗力，组织中的病毒在 –20℃ 时保存 428 天仍有感染力；在室温下存放 1 个月，还有感染力；粪便中的病毒可存活 25～30 天。野外毒株都是嗜肠道型，致病力各有不同，不会致死鸡胚。鸡胚适应毒株是嗜神经型。病鸡、带毒鸡是传染源。种蛋垂直传播是本病的主要传播方式，会致雏鸡大批发病和死亡。鸡、火鸡和野鸡等可在自然条件下被传染。本病一年四季都会发生。

【症状及病变】 本病水平方式传播的雏鸡，潜伏期 10～30 天；经卵垂直方式传播的雏鸡，潜伏期 2～7 天。雏鸡病初精神委顿，运动失调，眼神呆滞，步态失稳，两肢半麻痹态，趾向外弯曲，羽毛松乱，头颈部震颤；有的病鸡腿部或羽毛根部也会出现震颤。病雏鸡后期两肢瘫痪，不能行走，喜伏卧于地。病较重的鸡无行动能力，不能采食和饮水，最后多衰竭死亡，死亡率 20%～30%。产蛋鸡染毒多不出现症状，但短期内产蛋量会下降，畸形蛋出现率增高。

发病雏鸡腺胃肌肉层内有一些白色小病灶，如针头大小，如不细心观察较难发现。有的雏鸡脑水肿，脑膜血管出血。重病雏鸡全身肌肉萎缩，尤其是双腿肌肉萎缩严重。成鸡染病无肉眼可见病变。

【预　防】

1. 常规预防　①不到疫区或发病鸡场引入鸡和种蛋。②抓好平时鸡舍的卫生消毒工作。③淘汰并扑杀病鸡，进行无害化处理。④未经疫苗免疫的种母鸡所产蛋一律不可作种用。⑤种蛋及孵化设施要消毒。

2. 免疫接种　免疫接种鸡脑脊髓炎弱毒和灭活疫苗，是防控本病最有效和最经济的方法。初产母鸡开产前 14 周用鸡传染性脑脊髓炎弱毒疫苗饮水免疫，但已产蛋鸡不可用此疫苗，要用灭活疫苗。雏鸡和成鸡可皮下或肌内注射传染性脑脊髓炎灭活疫苗，雏鸡每只 0.5 毫升，成鸡每只 1 毫升，雏鸡免疫保护期 6 个月以上，成鸡 12 个月以上。

【治　疗】

1. 注射卵黄抗体　病初全群鸡紧急注射卵黄抗体，每只雏鸡肌内注射 0.5～1 毫升，每天 1 次，连用 2 天。

2. 中西药治疗　每 100 只鸡在饮水中加 1 袋（15 克）的板蓝根冲剂，每天 2 次，连用 6～7 天。为控制继发感染，饲料中可混拌入土霉素 0.2%，连用 6～7 天。

十二、鸡病毒性关节炎

鸡病毒性关节炎在我国呈逐年增多的趋势，需引起重视。鸡群一旦感染此病，发病率较高，但病死率很低，只有 3%～6%。

【病原及流行】　病原是呼肠孤病毒，自然界中的鸟类体内可分离到此病毒。其耐高温的能力较强，60℃ 8～9 小时、56℃ 24 小时仍具活性。该病毒对 2% 来苏儿、3% 甲醛等有较强抵抗力，0.5% 碘伏和 70% 乙醇等能将其灭活。鸡、火鸡具易感性。病鸡、带毒鸡是传染源。呼吸道、消化道是主要的感染途径。可经种蛋垂直传播，雏鸡最易感染，成鸡随年龄增加而易感性下降，10 周龄后发病率降低明显。自然感染以 4～7 周龄鸡为最多。较快波及全群，发病常高达 80%～100%，但病死率只有 3%～6%。蛋鸡和种鸡发病，产蛋量下降 10%～15%。

【症状及病变】 急性感染病鸡出现跛行和生长不良。慢性感染病鸡跛行更严重，有的跗关节无法运动。病鸡精神不振，食欲下降，步态不稳，喜跗关节着地伏坐，翅膀松垂，头颈下垂并偏向一侧；若驱赶则跛行或单脚弹跳。病鸡跖部和跗关节肿胀，四周皮肤青绿色；鸡冠苍白色；全身脱水、发绀。病鸡因得不到饲料和饮水，会出现消瘦、生长发育不良、贫血等，极少数重病者最终会衰竭死亡。病鸡跗关节周围肿胀，关节上部腓肠腱水肿，滑膜内充血或点状出血；关节腔内有淡黄色或血样渗出物。中、成鸡腓肠腱易发生断裂。

【预 防】

1. 常规预防 ①不同年龄鸡分开饲养。②不到疫区或病鸡场引进鸡和种蛋。③勤打扫鸡舍，更换垫料，每隔 5～6 天消毒 1 次。④病种鸡或带毒鸡所产蛋不可作种蛋。⑤病死鸡要焚烧或深埋。⑥夏秋季鸡舍做好防暑降温工作，冬春季做好保温及防潮降湿。⑦适当降低饲养密度，做好日常舍内的通风换气。

2. 免疫接种 ①无母源抗体后备鸡，6～8 日龄首免 S-1133 弱毒苗，皮下接种，8 周龄后加强免疫 1 次，开产前 2～3 周再免疫接种 1 次。②30 日龄和 10～17 周龄种鸡，可用 S-1133 弱毒苗饮水免疫。③1 日龄雏鸡可皮下接种 P-100 灭活苗，14 天后可产生免疫力。

【治 疗】

1. 注射高免血清 病初尽快肌内注射高免血清或卵黄抗体0.5～1毫升，连用 2 天；同时每 100 升饮水中混饮速效囊病宁 500 毫升，供鸡群自由饮用，连用 3～4 天。

2. 西药治疗 乙酰水杨酸片，研成粉，每千克饲料混拌入 4 片（每片 0.5 克）喂服，连用 3～4 天。

十三、鸡传染性贫血

鸡传染性贫血主要危害雏鸡，可引起再生障碍性贫血、淋巴组织萎缩、蓝翅病等，导致免疫抑制，使病鸡更易继发感染病毒、细菌、真菌，加重病情和防治难度。鸡群发病如不加以有效防控，死亡率低的 10%～20%，高的超过 50%。

【病原及流行】 病原为圆环病毒科、圆环病毒属鸡传染性贫血病毒。70～80℃ 30 分钟也不能将其杀死，100℃ 15 分钟才可使之灭活。病毒对氯仿、乙醚等不敏感，有较强抵抗力，1% 甲醛、1% 碘酊、5% 苯酚等可在 5～10 分钟内使之灭活。在 pH 值 3 条件下可存活 3 小时。此病毒不同毒株的致病力稍有不同，而抗原性无不同，是相同血清型。鸡是此病的自然宿主，至今未发现其他禽发病。病鸡、带毒鸡是主要的传染源。鸡无论日龄大小都会被感染，雏鸡最易染发病；随着鸡日龄的增加，易感性会不断下降。自然发病最多见于 1～4 周龄鸡，特别是肉仔鸡更甚。公鸡比母鸡更易感。种蛋、消化道和直接接触等是主要传播途径。产蛋母鸡染病，8～14 天后所产蛋才带病毒。母源抗体能由种蛋传给雏鸡，从而保护雏鸡带毒而不发病，不过这种雏鸡是主要的传染源。本病会使病雏鸡产生免疫抑制，致继发感染增加。

【症状及病变】 本病潜伏期 5～10 天。病鸡贫血，精神委顿，消瘦、衰弱，体重减轻，皮肤苍白；胸、腿和翅膀皮下有出血点，喙和脚苍白；发病 1 天后有的鸡皮肤出现溃烂或坏死。濒死鸡头颈部水肿、充血，腹部大面积皮下出血。发病 1 天后出现死亡，4～6 天死亡达高峰，此后死亡不断减少，15 天后渐复正常。病鸡如能耐过 25～30 天，多可自愈。

病死鸡全身淋巴组织萎缩；骨髓萎缩、黄白色；肝质脆化，黄色较浓，有坏死灶；肝、脾、肾肿大；法氏囊和胸腺萎缩；肌胃出血、溃烂；十二指肠黏膜出血。病鸡血液稀薄，血浆比正常的要白，血凝时间增加，8～10天后红细胞压积下降，14～20天红细胞压积下降到10%～20%，有的濒死鸡红细胞压积降至6%。

【预 防】

1. 常规预防 ①不到疫区和病鸡场引进鸡和种蛋。②从国外引进种蛋鸡要严加检疫并进行抗体检测。③雏鸡、中鸡和成鸡要分开饲养。④鸡舍做好日常卫生消毒工作。⑤种蛋和孵化设备要严格消毒。⑥病鸡、带毒鸡所产蛋不可作种用。

2. 免疫接种 用于鸡传染性贫血病预防免疫接种的疫苗有鸡传染性贫血活疫苗和鸡传染性贫血弱毒苗2种。2种疫苗接种后6周产生免疫力，保护期60～65周。鸡传染性贫血病活疫苗采用饮水免疫，适用于13～15周龄鸡。蛋鸡产蛋前3～4周不可用此疫苗免疫接种，以免种蛋传毒。鸡传染性贫血病弱毒苗采用皮下或肌内注射接种。无商品疫苗时，可将自然感染的病鸡组织制成匀浆，混于饮水中，供16～18周龄健鸡免疫，但不可用于3～4周龄鸡的免疫。当鸡体内检测到抗体时，可不再进行人工免疫接种。

【治 疗】

1. 注射高免血清 发病初期尽快肌内或皮下注射卵黄抗体或高免血清，每只每次雏鸡0.5毫升，中成鸡0.7～1毫升，连用2天。

2. 西药治疗 ①禽健口服液，每瓶对水150升，供病鸡自由饮服或灌服，连用5～7天。②为防继发感染，可在饮水或饲料中添加抗菌药及复合维生素等。

十四、鸭 瘟

鸭瘟又名鸭病毒性肠炎、大头瘟，是一种由鸭疱疹病毒Ⅰ型引起的烈性、急性败血性传染病。鸭群一旦感染此病，若防治不到位，蔓延快，死亡率高达90%以上，具有毁灭性打击力，是养鸭业的严重威胁。

【病原及流行】 病原为疱疹病毒科、鸭瘟病毒属甲型疱疹病毒。

此病一年四季都可发生，但以春、夏、秋季发生多而重。家鸭最易感染此病，鹅如与病鸭接触密切亦会染病。任何品种、性别、年龄的鸭都能感染发病，不过发病率和病死率稍有不同，番鸭、麻鸭等易感性高于外来鸭和杂交鸭，成年鸭发病率高于幼鸭，产蛋鸭病死率最高。病鸭、带毒鸭是主要传染源。野鸭、野鹅常为带毒者，但一般不发病。本病主要是经易感鸭与病鸭直接接触传播，此外易感鸭接触了被病鸭分泌物、排泄物等污染的饮水、用具、水源、牧地、饲料和运输工具等也会间接接触感染。消化道感染是最主要的传染方式。该病毒不耐热，56℃ 10 分钟、80℃ 5 分钟可杀死。75% 乙醇、0.5% 苯酚、0.5% 漂白粉、5% 石灰乳等药物对其有致弱和杀灭作用。此病自然感染的潜伏期为 3～7 天，病程多为 2～3 天，慢的 1 周以上，极少数病鸭偶能康复。

【症状及病变】 发病初期体温升高至 42～44℃，呈稽留热。病鸭精神委顿，食欲减弱，饮欲增加，两脚麻痹，行走困难，翅膀下垂，不愿下水，常伏地不走。显著症状为流泪、眼睑水肿、眼结膜充血发红、眼周围的羽毛沾湿、多数病鸭腹泻并排出绿色或白色稀粪、呼吸困难和头部明显肿大等。

剖检主要表现是全身出血和水肿，切开头颈肿胀部时流出淡黄色透明液体或胶冻样物；咽喉部、食道黏膜表面覆盖灰黄色或草黄色坏死物形成的假膜结痂，或食道黏膜出现纵向排列的出血带；腺胃与食道膨大部的交界处有一条灰黄色坏死带或出血带；肝脏表面和切面可见针头和米粒大小的不规则灰白色坏死斑点和出血斑，有的坏死灶中间有出血小点；胆囊肿大，充满黏稠的胆汁，黏膜见有充血和小溃疡；心外膜和心内膜有出血斑点；脾也有坏死点；染病雏鸭，法氏囊红肿，表面有坏死小点，囊腔内充满白色凝固性渗出物；产蛋鸭发病，卵巢、卵泡充血和出血，变形和变色，有部分卵泡破裂而引起卵黄性腹膜炎。

鸭瘟与禽霍乱的临床表现很相似，易被误诊，应注意区别：①禽霍乱病原为禽多杀性巴氏杆菌，多数家禽能感染发病，而鸭瘟除鸭外其他禽类绝大多数不会感染。②鸭瘟病鸭有特有的流眼泪，眼睑水肿，两脚发软不能站立，部分病鸭头和颈部肿大，禽霍乱则没有这些症状。③鸭瘟病鸭食道和泄殖腔黏膜能见坏死结痂或假膜性病灶，禽霍乱则没有这些表现。④禽霍乱肺脏通常有严重弥漫性充血、出血和水肿，鸭瘟肺脏变化不显著。⑤抗生素和磺胺类药物对禽霍乱都有良好疗效，鸭瘟则治疗无效。

【预　防】

1. 常规预防　①鸭舍要每天打扫干净，粪水等集中密闭堆埋发酵。②坚持自繁自养；需要引进种蛋或种雏鸭时，一定要严格检疫和消毒处理，经隔离饲养10～15天证明无病后方可并群饲养。③鸭群禁止在可能感染疫病的地方放牧（如上游有病鸭，下游就不能放牧）。④发生鸭瘟应及时上报疫情，同时划定疫区范围，进行严格的封锁、隔离、焚尸（也可深埋于地下1.5米以下）和全面消毒等工作。对疫区内健康鸭群和尚未发病的假定健康鸭群应立即接种疫苗。

2. 免疫接种　鸭瘟弱毒冻干苗对预防鸭瘟的发生有很好的效果，又安全。疫苗使用时要用生理盐水或蒸馏水稀释，2月龄以内鸭可稀释100倍，每羽肌内注射0.5毫升；5月龄以上鸭可稀释200倍，每羽肌内注射1毫升；30日龄以内鸭可稀释40倍，每羽肌内注射0.2毫升。疫苗接种后7天内会产生免疫力。为产生坚强免疫力，最好隔21～30天加强免疫1次，种鸭和产蛋鸭在产蛋前可再接种疫苗1次。1月龄以内雏鸭的有效免疫期为1个月，2月龄以上鸭的有效免疫期为6个月。

【治　疗】

1. 注射高免血清等　①早期治疗每只肌内注射0.5毫升抗鸭瘟高免血清，有一定疗效。②成年鸭每只肌内注射1毫升聚肌胞，3日1次，连用2～3次，有一定疗效。此法特别适用于因鸭瘟疫苗免疫失败而引发的鸭瘟治疗，可有效控制死亡，降低死亡率。③禽用干扰素每瓶（10毫升）稀释25倍，肌内注射1000只鸭。

2. 中草药治疗 ①全蝎 10 条，蜈蚣 10 条，党参 50 克，甘草 60 克，巴豆 50 克，车前子 50 克，郁金 100 克，桑螵蛸 50 克，神曲 250 克，桂枝 100 克，高良姜 100 克，肉桂 150 克，川芎 100 克，木香 20 克，枳壳 50 克，桑椹子 100 克，乌药 50 克，石膏 250 克，生姜 300 克，另配白酒 0.5～1.2 升。将上述中药和小麦 6～9 千克、水 7.5 升一起煮（药物要用布包起来），煮干后再用白酒拌小麦，即可喂鸭。本剂药使用 1 次后，可再煮喂同样剂量小麦 1 次，每只病鸭每次可喂 30 克，本剂药一共可喂治 100～250 只鸭（预防可喂鸭 300～400 只）。无论治疗或预防，都应分 2 次喂给，每天 1 次，连用 2 天。应注意的是鸭服药后不可立刻下水和饮水，应关闭 1 小时，否则影响疗效。②党参、车前子、朱砂、巴豆、白蜡、桑螵蛸、枳壳、乌药、甘草各 50 克，蜈蚣、全蝎各 10 条，生姜、滑石各 250 克，神曲 200 克，桂枝、良姜、川芎各 100 克，肉桂 150 克，白酒 0.5～1 升，小麦或稻谷 10 千克。将药物用布包好与小麦同时入锅，加水以浸没小麦和药物为宜；先用武火煮，后用文火煮，待小麦吸尽汁液后再拌白酒喂鸭。本剂药可喂鸭 400 只，喂药后 4 小时内不可让鸭下水和饮水。本方疗效较好。③活地鳖虫每只鸭每天喂 3 次，每次喂 1 只，连喂 2～3 天。④菖蒲头切碎，按每只鸭 10 克用量拌入饲料中投喂，连用 3 天。⑤海金沙、田基黄、白花蛇舌草、杨梅树皮各 30 克，土大黄 60 克。以上药共研末，拌入饲料中喂服，每天 2 次，连喂 3 天。

十五、鸭病毒性肝炎

鸭病毒性肝炎是 1～3 周龄雏鸭的急性、烈性和高致死性的传染病。1 周龄雏鸭发病死亡率常高达 95%，2～3 周龄死亡率约 50%，4～5 周龄基本不死亡。本病是养鸭业的巨大威胁，造成的损失巨大。

【病原及流行】 本病病原为鸭肝炎病毒，主要有 3 个不同的血清型；Ⅰ型鸭肝病毒为典型株，是常见的致病毒株，只感染5周龄以下、特别是3周龄内的雏鸭；其他两型病毒在我国未见发病报道。此病毒在污染的雏鸭舍内可存活70天以上，在湿的粪污中能存活1个月；56℃加热1小时仍可存活；2%漂白粉、1%甲醛和2%氢氧化钠可在2小时内将其杀灭。本病一年四季都可发生，但以冬和春季发生多而重。3周龄以内的雏鸭易染病死亡，超过5周龄即很少发病；成鸭即使染毒也不会发病；鸡和鹅不会自然发病。鸭舍潮湿阴暗、饲养密度过高、缺乏维生素和矿物质等会促进和加重本病的发生。该病主要经消化道和呼吸道传染，一旦感染就会迅速传播。病鸭和带毒鸭是主要的传染源。带毒的野鸭也是传染源。康复的雏鸭可经粪便排毒1～2个月。本病还未发现经蛋垂直传播。

【症状及病变】　本病自然潜伏期为1～4天。急性发病雏鸭常不表现任何症状而突然倒毙。病雏鸭精神沉郁，运动失调，身体倒向一侧或背部着地，转圈，两脚痉挛性踢动，死前头向后仰且呈角弓反张姿势。病鸭出现神经症状后一般几分钟或几小时就会死亡。

病鸭肝肿大，质地柔软，外观呈淡红色、土黄色或红黄色，表面有大小不一的出血点或出血斑；胆囊肿大；肾脏多数肿大、充血；脾脏有的肿大，有花斑；胰脏肿大充血；其他器官病变不明显。

此病与鸭瘟和禽霍乱的主要区别是：本病主要发生在3周龄以内的雏鸭，发病急而快，死亡率高达50%～95%，而鸭瘟和禽霍乱在这个日龄段很少发病，且症状和脏器病变与鸭病毒性肝炎不一样。

【预　防】

1. 常规预防　①不从疫区或发病鸭场进雏鸭。②鸭舍进鸭苗前进行全面清洁消毒，所有用具清洗后移至室外暴晒2～3天。③保持鸭舍冬暖夏凉、干燥、通风、透光。④加强饲养管理，减少应激反应，适量补充维生素和矿物质。

2. 注射疫苗及高免血清等　①康复鸭血清的制备方法：宰杀患本病康复后的鸭，用清洁容器收集血液，静待血凝固后，逐渐析出血清，再将血清分装入灭菌的生理盐水瓶内，按每毫升血清加青霉素1000单位和链霉素1000单位，置3～5℃下冷藏备用。②高免蛋黄液的制备方法：用免疫过2～3次的产蛋鸭近期所产的蛋，去掉蛋清和蛋黄膜，按每个蛋黄加入80毫升灭菌生理盐水，搅拌成匀浆，按方法①剂量加入青霉素和链霉素即成，后置4～5℃下冷藏备用。③种蛋鸭开产前2～4周接种2次鸭肝炎弱毒疫苗，每次皮下注射1毫升，间隔期15天左右；如在产蛋高峰期再免疫1次，可保证孵出的雏鸭获得较高的母源抗体。④雏鸭出壳1～3日龄内，颈背皮下注射0.3～0.5毫升鸭肝炎弱毒苗。⑤雏鸭出壳后1～2天内，颈背皮下注射0.5～1毫升抗雏鸭肝炎高免卵黄液，保护率可达90%以上。

【治　疗】

1. 注射高免血清等　①鸭病初应尽快注射高免血清或康复鸭血清，每只肌内注射0.5～1毫升。②病鸭尽早注射高免卵黄液，每只皮下注射1～1.5毫升。

2. 西药治疗　①用肝肿康1克拌饲料25千克或1克药对水30～40升，连用3～5天。②500毫升鸭肝毒消液按说明书对适量清洁水，给500只雏鸭自由饮水，每天1次，连用2～3天。

3. 中草药治疗　①鲜大青叶根、白马骨各250克，算盘子根、黄栀子根各100克，新鲜药根洗净切片，加水2升，用文火煎至1升药液，每只鸭灌服1～2毫升。假定健康的雏鸭，断水数小时后再让其饮服。②黄芩、黄柏、黄连、连翘、金银花、紫金牛、茵陈、枳壳、甘草各25克（500只雏鸭1天用量），煎汁拌料喂服，不食的雏鸭滴服药汁，1天分3次，连服2天。③板蓝根、大青叶、紫草各50克，升麻40克，葛根30克，柴胡30克，栀子30克，大黄25克，枯矾20克，甘草40克（200只雏鸭用量）。共研细末或煎汁拌饲料喂服，每日1剂，每隔2～3小时喂1次，连用3～5剂，疗效显著。④板蓝根、绿豆、大青叶各500克，甘草、枯矾各250克（1000只雏鸭1天的用药量）。适量水煎汁，凉后供鸭自由饮服，每天1剂，连用3天。病重鸭用注射器等灌服。

十六、雏番鸭细小病毒病

本病是一种急性、败血性传染病，传播快，病死率30%～60%，3周龄以内的雏番鸭最易感染发病，成年番鸭即使带毒也不会发病。目前不少养殖户对此病毫无了解或知之甚少，缺乏防控意识，番鸭一旦染病常造成较大损失。

【病原及流行】　此病原是细小病毒，主要存在于病鸭的肝脏、胰腺、脾脏和成年鸭带毒者机体。本病一年四季都可发生，但以秋、冬、春季发病较多；自然情况下主要致3周龄以内的雏番鸭感染发病。成年鸭可染毒，但不会发病，成为带毒源。带毒母鸭可通过种蛋垂直传播给子代并使其发病。病鸭、带毒成鸭是主要的传染源。该病多呈地方性流行，病程2～5天。

【症状及病变】　出壳2天以内的雏番鸭多发生最急性型，没有先期症状，病鸭突然衰竭、倒地、两脚乱划，头颈向一侧扭曲，很快死亡。10～21日龄鸭主要为急性型，病鸭食欲不振或不食，精神委顿，怕冷，直立，两翅下垂；腹泻，粪便灰白色或淡绿色，粪中有絮状物；喙端发绀，蹼间及脚趾边有程度不同的发绀；呼吸困难，气喘；临死时两腿麻痹，倒地抽搐。亚急性发病者由急性型转化而来，病鸭精神委顿，排黄绿色或白色粪便，喜蹲伏，存活者多成僵鸭。

剖检病、死鸭，可见泄殖腔外翻；心肌呈瓷白色，心脏变圆；肝脏稍肿大，紫褐色或土色；胆囊明显肿大，胆汁暗绿色，肠管前段有较多胆汁渗出；大、小肠有卡他性炎症和出血点；空肠中后段和回肠前段黏膜有程度不同的脱落；回肠中后段可见明显膨大的胀带，内有大量炎性渗出物。

本病病症与雏番鸭感染小鹅瘟极相似，仅凭肉眼难以区分，只有经实验室手段方可以区别和确诊。

【预　防】

1. 常规预防　①不从疫区引进番鸭苗、种鸭和种蛋。②每隔

2～3 天打扫鸭舍 1 次，并更换干燥垫料。③鸭舍四周环境、用具等每隔 4～5 天消毒 1 次；发病时每天消毒 1 次。④种蛋入孵前应洗净、消毒。⑤及时通风换气，适当降低饲养密度。⑥刚进的雏鸭可在饮水中加入适量复合维生素和葡萄糖，以提高体质，增强抗病力。

2. 免疫接种 ①种鸭在产蛋前 15～30 天，皮下或肌内注射番鸭细小病毒弱毒疫苗 1 毫升，4 个月后再免疫 1 次。②出壳后的雏鸭应在 48 小时内，皮下注射番鸭细小病毒弱毒疫苗 0.2 毫升，之后隔离饲养 7 天；也可皮下接种小鹅瘟和番鸭细小病毒弱毒二联疫苗。③在疫区，刚出壳的番鸭苗立即每只皮下注射高免血清或卵黄抗体 0.3 毫升。

【治　疗】

1. 注射高免血清或卵黄抗体 发病鸭立即皮下注射高免血清或卵黄抗体 1 毫升，连用 2～3 天，有较好效果。

2. 中草药防治 板蓝根 800 克，白头翁 500 克，黄连 800 克，黄芩 500 克，山栀子 500 克，金银花 500 克，地榆 200 克，穿心莲 500 克，甘草 200 克，水煎 2 次，取汁 70～80 升，后浓缩至 40～50 升，供 1 500 只雏鸭自饮，每天 1 剂，连用 2～3 天；重病不能自饮的鸭应灌服，每只 3～5 毫升，每 6 小时 1 次。

3. 中西医结合治疗 病雏鸭在灌服上述中草药方剂的同时，在颈背部皮下注射 2 毫升青链板黄合剂（每天 1 次，连用 2 天）。其处方如下：青霉素 80 万单位 5 支、链霉素 100 万单位 3 支、板蓝根针剂 10 支、复方黄连素针剂 20 支、维生素 B_{12} 针剂 10 支、维生素 B_1 针剂 10 克、维生素 C 针剂 10 支、地塞米松针剂 10 支、10% 葡萄糖液 100 毫升（100 只雏鸭用量），混匀后备用。

十七、雏鸭及雏鹅传染性法氏囊病

许多养殖户认为鸭、鹅不会染发传染性法氏囊病，事实并非如此。雏鸭、鹅传染性法氏囊病是由接触鸡而感染的，主要发生于 1 月龄以内的雏鸭、鹅，发病急、传染快，6～10 日内可波及全群；

防控不力又感染高毒株时，病死率 60%～70%。

【病原及流行】 病原是鸡传染性法氏囊病毒，有亚型多种，免疫时疫苗型号不对就会使免疫失败。该病毒抗逆性较强，56℃ 5 小时或 60℃ 90 分钟也不能将之灭活，光照和紫外线也不易将其杀灭；还能抵抗一定的酸碱度，新洁尔灭和来苏儿等对其几乎无效，但能被漂白粉、甲醛等杀灭。本病毒在禽舍内可存活 100 天以上，被污染的禽舍较长时间都具传染性。雏鸭、鹅与病鸡多次接触易感染此病，造成暴发流行。病鸡、病鸭、病鹅是传染源，其排泄物和被污染的禽舍、地面、饮水、饲料、用具、工作人员等可传播病毒。蚊、蝇和老鼠等能传播本病。可经呼吸道、口和眼结膜等感染，还可经种蛋传播。此病常与大肠杆菌、葡萄球菌、沙门氏菌等并发或继发，增加死亡率，增加治疗难度。

【症状及病变】 本病的潜伏期 2～3 天，发病迅速，3～4 天开始出现死亡，5～7 天达病死高峰，7～8 天后死亡基本停止。病鸭、鹅精神不振，采食减少或不食，高热，腹泻，怕冷扎堆，行动迟缓或伏地不起，羽毛松乱，排白色或黄绿色水样粪便，泄殖腔周围常染有粪污；后期严重消瘦，体温下降，最终衰竭死亡。

病死雏鸭、鹅尸体脱水严重，胸肌、腿肌出血明显，呈斑驳状，有的全胸和腿肌都出血；腹腔内有较多半透明淡黄液体；肌胃和腺胃交界处有出血带；腺胃乳头样脓肿；整个肠道黏膜有很多出血点；盲肠扁桃体出血；肾及输卵管内有尿酸盐沉积；法氏囊比正常肿大 2～3 倍，表面暗紫色，内有黏性渗出物或干酪样物。

【预 防】

1. 常规预防 ①避免鸡、鸭、鹅混养。②及时隔离病鸭、病鹅和疑似发病者（群）。③每隔 6～7 天对栏舍、四周环境、用具等消毒 1 次；发病时每天消毒 1 次。④病雏鸭、鹅应停止放牧，放牧过的水体应消毒。

2. 免疫接种 雏鸭、鹅或母鸭、鹅于产蛋前 10～15 天肌内注射鸡传染性法氏囊病高免卵黄液 1.5 毫升。

【治 疗】

1. 注射高免血清等 ①病初肌内注射鸡传染性法氏囊病高免卵黄液1.5～2毫升。②皮下或肌内注射康复鸭、鹅或康复鸡血清1～1.5毫升。

2. 中草药治疗 ①黄芪300克，黄连、生地、大青叶、白头翁、白术各150克。上述药粉碎混匀，按2%拌饲料喂服，连用3天。②艾叶、蒲公英、苍术、荆芥、防风各等份。每立方米禽舍用药150克。将各药混匀后点燃，持续熏烟1小时左右，之后通风换气，每天1剂，连用3～4天。

十八、小 鹅 瘟

小鹅瘟是雏鹅最严重的烈性传染病，一旦发病，若防控不到位，病死率可达95%～100%。养鹅新区此病发生最为严重，造成的损失最大，养殖户必须高度重视。

【病原及流行】 病原为细小病毒属的鹅细小病毒。病毒主要存在于鹅的肝、脾、肾、心脏、血液、脑、肠管和肠内容物中，在–20℃可存活2年以上，56℃的高温可抵抗3小时。自然条件下本病毒只感染雏鹅和番鸭，其他禽类及哺乳动物未发现感染病例。成年鹅对该病毒有较强抵抗力，即使染毒也不会发病。雏病鹅、带毒成年鹅是传染源。本病主要经消化道感染，亦可经种蛋垂直传播。本病一年四季都可发生和流行，但以冬春季发生最多最重。1～30日龄的雏鹅最易患病，尤以1～15日龄的雏鹅发病多而重，病死率达95%～100%，1月龄以上的雏鹅极少发病。因为鹅群每年成批更新，所以本病常呈1～2年的周期性流行。病后痊愈和隐性感染后获得免疫力的鹅所产蛋孵出的雏鹅能获得被动免疫，一般不再发生小鹅瘟。

【症状及病变】 本病的潜伏期为3～5天，根据病情可分为以下3种。

1. 最急性 主要见于 3～5 日龄雏鹅，多无先期症状，突然发病倒地死亡，或出现精神呆钝后数小时倒地，双脚乱划，很快死亡。

2. 急性 主要见于 15 日龄内的雏鹅，病程 1～2 天。患病雏鹅食欲大减或废绝，绒毛松乱，泻痢严重，粪便草绿色并混有气泡，喙发绀，鼻孔流出浆液性分泌物并使鼻孔周围污秽，角弓反张或仰卧倒地，双脚乱划。

3. 亚急性 发生于 15 日龄以上的雏鹅，病程 1 周以上，症状较轻，主要是食欲不振和下痢，部分雏鹅能耐过自愈，但生长不良。

剖检病鹅可见肠道受损严重，小肠黏膜脱落、凝固，盲肠段有淡灰或淡黄色栓子堵塞；栓子中心为深褐色干燥肠内容物，形似香肠；肝色淡而黄；胆囊肿大，胆汁较稀；脾、胰充血，偶见有灰白色坏死点。

可通过以下几点初步诊断：①本病只感染 1 月龄的雏鹅发病，成年鹅不会发病，除番鸭外其他家禽也不会感染发病。②病鹅严重下痢并排出黄白色或黄绿色水样稀粪，有的病鹅会出现神经性症状。③病鹅肠管显著膨大，有的肠管中含有带状或圆柱状灰白栓子。

【预　防】

1. 常规预防 ①不从疫区引入种鹅、雏鹅和种蛋。②冬春寒冷季节要搞好防寒保温工作，30 日龄内的雏鹅不可下水。③平时要抓好鹅舍卫生消毒工作。

2. 免疫接种 ①从病愈康复的成鹅采集高免血清，刚孵出的雏鹅每羽皮下注射 1 毫升。②皮下注射高免蛋黄匀浆 1.5 毫升。③母鹅在产蛋前 25～30 天，皮下注射 1∶100 稀释的鹅胚化弱毒疫苗 1 毫升，12 天后可产生免疫力，保护期 4 个月。④出壳 24 小时内的雏鹅皮下注射 1∶100 稀释鹅胚化雏鹅弱毒疫苗 0.2 毫升。⑤高免蛋黄喂雏鹅，每个鹅蛋黄喂雏鹅 12 只，隔 12～24 小时再喂 1 次。

3. 中草药预防 每只雏鹅喂服胡椒 2 粒，一次即可。

【治　疗】

1. 注射高免血清等 ①发病初期雏鹅皮下注射高免血清 1.5 毫

升，第二天再皮下注射 1.5 毫升。②发病初期雏鹅皮下注射高免蛋黄匀浆 2 毫升，第二天再注射 1 次。

2. 中草药治疗 ①取鲜鱼腥草适量，捣汁灌服或自饮，每只雏鹅每次 1～2 毫升，分早、中、晚 3 次服用，连用 3～4 天，有较好疗效。②马齿苋 120 克，黄连 50 克，黄芩 80 克，黄柏 80 克，连翘 75 克，金银花 85 克，白芍 70 克，地榆 90 克，栀子 70 克。此方为 200 只鹅用量，水煎取汁，灌服或拌饲料混饲，每日 2 次，连用 3～4 天。③板蓝根 30 克，金银花 20 克，黄芩 30 克，柴胡 20 克，官桂 10 克，赤石脂 5 克，生地 20 克，赤芍 10 克，水牛角 5 克。此方为 100 只雏鹅用量，以每只每天用药 1～1.5 克计总量，水煎取汁，加适量冷开水稀释供鹅自饮或拌料饲喂；也可研末，用开水焖泡 30 分钟，滤液供鹅自饮，药渣拌料饲喂，连用 2～3 天。④每 10 只雏鹅每天用鲜半边莲 80～100 克（加冷开水捣烂取汁），肉豆蔻 15～25 克，大风藤 20～30 克，砂仁 3～5 克，如下痢不止或遇寒冷阴雨天，加肉桂 3 克、鸡矢藤 8～10 克，加水共煎取汁。取上述两种药液和大米粉混拌成米浆，饲喂病鹅。

3. 中西医结合治疗 金银花 20 克，连翘 80 克，大蒜 35 克，黄连、黄柏、黄芩各 40 克，板蓝根 200 克，水牛角 20 克，栀子 25 克，生地 30 克，鱼腥草 80 克，丹皮 25 克，官桂 35 克，甘草 15 克，紫花地丁 45 克，加水 2.5 升浸泡 48 小时，随后煮沸 1 小时，取汁，再加水 3.5 升煮沸 75 分钟，合并二药液，用文火浓缩至 2 升，冷却后加维生素 C 25 克、维生素 B_1 10 克、青霉素钠 800 万单位、硫酸链霉素 600 万单位，混匀后分装密封。轻病鹅每只内服 1 毫升，重病鹅每只腹腔注射 1 毫升，每日 3 次，连用 2 天。

十九、鹅副黏病毒病

鹅副黏病毒病是一种以消化道症状和病变为特征的鹅的急性传染病，可造成大批鹅发病死亡，尤其是雏鹅病死率可达 95% 以上。

过去我国的养鹅区极少发生此病，近些年该病发生趋重，造成的损失很大，应引起高度重视。

【病原及流行】　此病由副黏病毒科、腮腺炎病毒属鹅副黏病毒所引起。该病毒广泛存在于病鹅的肝脏、肠管和脾脏等器官中。病鹅、带毒鹅是传染源。其排泄物和被污染的鹅舍、垫料、饮水等可传播病毒。本病一年四季都可发生，常引起地方性流行。不同年龄、日龄的鹅对此病都具易感性，且日龄越小发病率和死亡率越高。鹅、鸽、山鸡、番鸭和鹧鸪对该病都有易感性，发病率可达100%，死亡率也较高。目前为止尚未发现家鸭发病。环境条件和饲养管理不良会加重病情。

【症状及病变】　该病的潜伏期3～5天。病鹅初期精神委顿，眼睑红肿，流泪明显，咳嗽，呼吸困难，流口水；腹泻，排灰白色稀粪；随着病情加重，排出水样或带血稀粪，呈暗红色、黄色或绿色。有些病鹅有扭颈、转圈、仰头等神经症状。雏鹅一般发病后1～3天死亡，青年鹅和成年鹅病程多为3～5天。染病产蛋鹅产蛋量明显下降或停产。

病鹅小肠黏膜有散在性、纤维蛋白性坏死或肠黏膜有灰白色、淡黄色芝麻粒至小蚕豆大小的纤维性结痂，剥离后有出血性溃疡面；盲肠扁桃体肿大，出血明显；泄殖腔黏膜充血、出血；肝脾肿大、淤血，有坏死灶；脾和胰腺表面有芝麻大至绿豆大的灰白色坏死灶；肌胃角质呈棕黑色或淡墨绿色，角质膜易脱落，膜下有出血斑或溃疡灶，有的腺胃乳头有出血点。有神经症状的病死鹅脑血管淤血、充血。

【预　防】

1. 常规预防　①不从疫区引入种鹅、种蛋和雏鹅。②每天打扫鹅舍，仔细清除粪污和垫料。③每天清洗料槽和饮水器并消毒。④每隔2～3天于清扫后对鹅舍、用具等进行1次喷雾消毒；疫情发生时，每天喷雾消毒1次。

2. 免疫接种　①健康鹅群肌内注射鹅副黏病毒油乳剂灭活苗，

14日龄以内的雏鹅每只0.3毫升,青年和成年鹅每只0.5毫升,有很好的保护作用。②体重1千克以下鹅每只皮下注射抗鹅副黏病毒血清或鹅副黏病毒超免卵黄抗体1～1.5毫升,体重1千克以上鹅每只注射2～3毫升,每天1次,连用2天。

【治　疗】

1. 注射抗血清等　①皮下或肌内注射鹅副黏病毒油乳剂灭活苗,1月龄以下的初病鹅0.5～1毫升,1月龄以上的鹅1～1.5毫升。②体重1千克以下鹅每只皮下注射抗鹅副黏病毒血清或鹅副黏病毒超免卵黄抗体2毫升,体重1千克以上的鹅4～5毫升。

2. 西药治疗　为预防继发感染,可用恩诺沙星10克,加水200升供饮服,连续饮用5天。

3. 中草药治疗　生石膏200克,生地40克,水牛角40克,栀子20克,黄芩20克,连翘20克,知母20克,丹皮15克,赤芍15克,玄参20克,淡竹叶15克,甘草15克,桔梗15克,大青叶100克。以上为200羽雏鹅的剂量。加适量水煎,取汁供饮服或灌服,每日1剂,连服3天。

二十、雏鹅新型病毒性肠炎

雏鹅新型病毒性肠炎主要侵染3～30日龄的雏鹅,病鹅剧烈腹泻并脱水,最后衰竭而死,病死率30%～80%,严重的可达100%。许多养殖户对此病不了解,易误诊为小鹅瘟,延误病情,造成较大损失,应引起足够重视。

【病原及流行】　病原为雏鹅新型病毒性肠炎病毒。该病毒在-15℃和0℃下可分别保存36个月和20个月,对氯制剂不敏感。病鹅、病死鹅是传染源,其排泄物、分泌物和被污染的垫料、生产工具等可传播病毒。消化道是最主要的感染途径。本病一年四季都可发生,但以秋、冬、春季发病最多。雏鹅孵出后的3天开始发病,5日龄出现死亡,10～18日龄发病达高峰,30日龄以后的即使发病一般也不会死亡。

【症状及病变】 此病会引起雏鹅卡他性、出血性、坏死性和纤维性肠炎，临床主要表现为剧烈腹泻、脱水，最后衰竭死亡，可分为最急性、急性和慢性3型。

1. 最急性型 发生于3～10日龄的雏鹅，病死率85%～100%。一般不出现前期症状，病症一旦出现病鹅就严重衰弱，病程3～5小时或1天，病鹅多昏睡死去；有的倒地翅、腿乱划，很快死亡。

2. 急性型 发生于8～15日龄的雏鹅，病程3～5天。病鹅精神不振，采食不多或无食欲，易掉队，嗜睡，腹泻，排黄绿色、灰白色或蛋清样稀粪，有恶臭味；粪便中混有气泡；鼻孔流出少量浆液性分泌物，呼吸不畅；喙端和边缘色泽变暗；濒死者不能站立，两脚麻木，以喙触地，昏睡死去。

3. 慢性型 病鹅精神委顿，间歇性腹泻，营养不良，瘦弱，重病者会衰竭而死；幸存下来的雏鹅易成为长不大的僵鹅。15～30日龄的病鹅多为本型表现。

剖检10日龄以内的病死鹅，可见皮下充血、出血；胸肌、腿肌出血，暗红色；肝脏淤血，暗红色，有出血斑或出血小点；胆囊肿胀明显，是正常的3～5倍，胆汁充盈，深墨绿色；肾脏充血，有轻微出血，暗红色；小肠出血严重，黏膜肿胀发亮，有大量黏性分泌物；直肠、盲肠黏膜肿胀、充血，有轻微出血。剖检11日龄以上病死鹅，70%～80%十二指肠到盲肠有典型的如小鹅瘟样的"香肠样"病变，小肠膨大，肠壁变薄；无栓子的小肠段有严重出血；栓塞物与肠壁无粘连；直肠内有较多黏液，泄殖腔充满黄白色内容物。

【预 防】

1. 常规预防 ①禁止从疫区引入雏鹅和种鹅。②鹅舍及四周每隔2～4天要打扫1次，并更换干燥垫料。③病死鹅要及时捡出并运至远离鹅舍处进行深埋等无害化处理。④鹅舍、用具等每隔4～5天消毒1次。有疫情时每天消毒1～2次。⑤搞好鹅舍的通风换气，做好防寒、控湿和保暖工作。

2. 免疫接种　①种鹅开产前 15～30 天皮下或肌内注射雏鹅新型病毒性肠炎和小鹅瘟二联弱毒疫苗 1.5～2 毫升，可使其后代获得母源抗体，保护期可达 5～6 个月。② 1 日龄内的雏鹅要尽快口服雏鹅新型病毒性肠炎弱毒疫苗，3 天后可产生免疫力，5 天后保护率可达 100%。③疫区 1 日龄以内的雏鹅尽快皮下注射高免血清或卵黄抗体 0.2～0.3 毫升。

【治　疗】　发病雏鹅尽快皮下注射高免血清 1～1.5 毫升，隔 2～3 天后再注射 1 次，或皮下注射雏鹅新型病毒性肠炎和小鹅瘟二联高免血清 1～1.5 毫升。

第三章
细菌性疾病

一、禽 霍 乱

本病是由多杀性巴氏杆菌引起的高度接触性烈性传染病。此病发病急、传播快，如防控不及时，病死率可达80%～100%，特别是肥胖和高产的禽类患病后更易死亡。

【病原及流行】 多杀性巴氏杆菌可分为A、B、C和E 4种血清型；A型对禽类致病力最强，D型也可致病，但不常见。本病菌在干燥的空气中2～3天死亡，在80℃以上高温下迅即死亡；在腐败禽尸中可存活5个月。生石灰、漂白粉等一般消毒剂可在3～7分钟杀死该病菌。此病菌对青霉素、土霉素和磺胺类等药物都很敏感。家禽、野禽都能被感染，尤以鸡、鸭、鹅和火鸡易感，且多为急性发病。鸭、鹅等水禽发病多呈流行性，发病率和死亡率很高，其他家禽发病多为散发性，有的也呈地方性流行。本病主要通过消化道、呼吸道和伤口感染，带菌禽类运输、饲养人员流动、不良的饲养管理和天气变化等可促进本病传播或发生。此病一年四季都可发生，尤以气候多变的春秋两季发病多而重。发病禽以2月龄以上的为主，7～10月份炎热时最易发病。

【症状及病变】 此病潜伏期为2～9天，临床上可分为最急性、急性和慢性3个病型。

1. 最急性型 主要发生在发病初期，临床上以成年产蛋鸡最易发生。病禽多无明显症状，突然倒地，扑腾几下双翅即死亡。病鸭有的会突然死于水体中或池塘边。

2. 急性型 病程为几小时至数天，是禽类最常见的病型。病鸡体温升至 43～44℃，精神不振，羽毛蓬乱，翅下垂，少食或不食，呼吸困难、急促，口鼻流出带有泡沫状黏液；多剧烈腹泻，排出绿色或红色稀粪；鸡冠和肉髯肿胀、发热、发绀和疼痛，如不及时防治，病禽 1～2 天后死亡。病鸭等水禽患病，行动迟缓或独蹲一处，不愿下水或下水也不愿游动。仔鹅常发生急性型禽霍乱。

3. 慢性型 发生在多发病区和发病的后期，病程 1 个月以上。病禽多数有慢性肺炎、慢性胃肠炎和慢性呼吸道炎，下痢不停，消瘦，贫血，鸡冠苍白，肉髯肿胀明显，翅下垂，足关节和翼关节肿大，跛行。

最急性型病禽无明显病变，仅可见冠、髯紫红色，心外膜有出血点。急性病禽肠系膜、浆膜、黏膜、腹腔中脂肪、皮下组织等有大小不等的出血点；心冠脂肪、心耳和心内外膜有出血斑点，肺淤血、水肿；肝脏肿大、淤血、质脆，表面布满许多针头大小灰白色坏死灶和出血点（此为禽霍乱的特征性病变）；胸腔、腹腔、气囊和肠浆膜上有纤维性或干酪样灰白色渗出物，有的心包内有纤维素絮片；胆囊肿大；脾脏肿大，有散在的坏死灶。慢性病禽鼻腔、气管有卡他性炎症，肺硬变；脚和翅等关节肿大、变形，有炎性渗出物和干酪样坏死。

【预 防】

1. 常规预防 ①实行自繁自养和全进全出饲养制。②夏秋注意防暑降温，冬春注意防寒保暖，雨季抓好防潮。③控制饲养密度，及时通风换气。④每隔 1～2 天打扫禽舍和四周 1 次，每隔 2～3 天换禽舍垫料 1 次。垫料应干燥、无霉变。⑤禽舍、用具、四周环境每隔 4～5 天用 5% 漂白粉或 0.3%～0.5% 过氧乙酸或 3%～5% 来苏儿溶液等消毒 1 次。发病时应每天消毒 1 次。

2. 免疫接种 ①禽霍乱弱毒冻干苗，用 20% 铝胶生理盐水按说明书稀释后肌内注射，3月龄以上鸡0.5毫升，鸭1.5毫升，鹅2～2.5毫升。②禽霍乱731弱毒菌苗，翅内侧皮下注射，鸡5 000万个活菌，鹅和鸭5亿个活菌；还可采用气雾免疫。

3. 中草药预防 ①野菊花60克，石膏15克，加水250毫升煮沸，冷却后加入125毫升冷开水，每10～15天让禽自饮1次。②半边莲150克，适量水煎汁，凉后供12～15只鸭鹅或20～25只鸡饮用，每天1次，连用3～4天。

【治 疗】

1. 西药治疗 ①利福平，200升水中混溶10克，自饮3～5天；也可在1 000千克饲料中混拌2千克，连用3～5天。②复方阿莫西林可溶性粉，250升水中混溶50克，连饮3～5天。③盐酸沙拉沙星，100升水中混溶10克，连饮3～5天；也可在每400千克饲料中混拌100克，连喂3～5天。④青霉素，肌内注射，每次鸡5万单位、鸭6万～7万单位、鹅9万～10万单位，每天2次，连用2～3天。⑤复方壮观霉素，300升水中混溶100～120克，饮用3～5天；也可在150千克饲料中混拌50克，连用3～5天。

2. 中草药治疗 ①半边莲150克，适量水煎汁，凉后灌服，每次每只鸡15～20毫升、鹅25～30毫升、鸭15～20毫升，1天1次，连用2天。②每只病鸡用大蒜瓣2～3个，捣烂，用适量麻油调好后灌服。③每只病鸡喂蟑螂（药材）3～4个，1天1次，连用4天。④野菊花25克，适量开水泡后加入石膏粉5克（1只家禽用量），灌服。⑤穿心莲10克，鸡矢藤15克，九层皮5克，香附草15克（10只鸡1天用药量）。适量水煎汁拌料或混饮，每天1剂，连用3天。⑥穿心莲、山叉苦、大黄、黄柏、石菖蒲、金银花、黄芩各50克，野菊花、花椒各100克，甘草30克。将上述药共研成粉末，按1%混饲，连用2～3天。⑦金银花、青木香、黄柏、穿心莲、黄连、黄芩、连翘、薄荷、丹皮、藿香各70克，白头翁50克，甘草100克（100只鸭用药量）。加水2升，煎汁泡适量稻谷晚上喂鸭，服药后将鸭关于舍内40～60分钟，后赶鸭下水适当游些时间。⑧桐油 10 毫升，大蒜 10 克。将大蒜捣成泥与桐油混合后浸泡 2 小时做成绿豆大药丸喂服，每只鸡 2 粒，鹅 4 粒，鸭 3～4 粒。⑨雄黄 30 克，白矾 30 克，甘草 30 克，金银花 15 克，连翘 15 克，茵陈 50 克。共研成末，拌入饲料中喂服，鸡、鹅每次 0.5 克，每日 2 次，连用 5～7 天。⑩大蒜、大青叶、益母草各等量，后两种水煎后与捣烂的大蒜泥连药渣一起混拌入饲料中，每日 2 次，连用 3～5 天，可治疗慢性鹅霍乱。

二、禽大肠杆菌病

禽大肠杆菌病在我国的养禽场时有发生，发病率和病死率较高，特别是卫生条件差的养禽场发病普遍且严重，造成较大损失，要引起高度重视。

【病原及流行】 病原是埃希氏大肠杆菌，所有禽肠道中都存在此菌，有非致病性和致病性两类。它是革兰氏染色阴性菌，不产生芽胞。其血清型较多，以 O_1、O_{35}、O_2 和 O_{72} 等致病力较强。大肠杆菌对不良环境抵抗力较强，在粪便、土壤、水体中可存活 3～5 个月，室温下能生存 1～2 个月，55℃ 1 小时可被灭活，60℃ 20 分钟被杀死。生石灰、漂白粉、百毒杀等常用消毒药可在 5～10 分钟内将其灭活。病禽、带菌禽是传染源。其排泄物和被污染的地面、水体、饮水、饲料、用具等可传播病毒。感染途径为消化道、呼吸道、伤口、交配和污染的种蛋。所有禽不分大小、年龄、品种都易感本病。2～6 周龄的禽最易感染；肉鸡 6～10 周龄发病最多，特别是冬季发病率和死亡率高，一般病死率 10%～20%，高的 40% 以上。此病一年四季都会发生，长江以南地区春夏阴雨潮湿季节发病多而重，长江以北地区多在夏、秋发病。禽舍粪便未及时清理、潮湿阴冷、通风不良、家禽营养不足或不平衡、缺乏运动等，会促发和加重本病。有些养殖户不重视环境卫生消毒，常暴发此病，造成家禽大量死亡。

【症状及病变】 根据本病的临床症状及病理变化特征，可分为如下几种病型。

1. 败血型 雏鸡和6～10周龄肉鸡发病多属本型，发病急，病情重，个别重病鸡会突然死亡。病鸡精神委顿，食欲不振，喜扎堆呆立在一起，腹泻，羽毛蓬乱，排白色或黄绿色稀粪，病重鸡会因衰竭死亡。病程4～10天，病死率6%～50%。病鸡剖检可见纤维性心包炎、肝周炎，肝铜绿色；有的肝脏表面有大量针头大小的白色小点；气囊增厚混浊，有干酪样渗出物；肠黏膜充血、出血。雏病鸭出现心包炎、肝周炎和气囊炎等。

2. 死胚、脐带炎和卵黄囊炎 胚胎期和3日龄内的雏病禽多出现本型。禽胚感染后，有的在孵出前即死亡，勉强出壳的也是无经济价值的弱雏。病禽腹部膨大，脐多与蛋壳内壁粘连，脐闭合不全，翅松垂，有的皮肤呈青紫色，精神不振，排灰白色或绿色稀粪。病重者4～7天内死亡，死亡率16%～20%。

产蛋禽发病，排泄物中多含有蛋白样物或黄白色凝块，肛门四周羽毛粘有蛋白或蛋黄样物。剖检病禽腹腔内有腥臭气味及一些卵黄样物，卵泡变形、变性，严重者卵泡破裂。能耐过的禽也无产蛋能力。公鹅发病，阴茎发炎、肿大、充血，上有芝麻至黄豆大小的黄色炎性或干酪样结节。

3. 肉芽型 鸡、火鸡，特别是产蛋近结束的母禽，发病多见此型。病禽的肠和肺上出现肉芽样结节。病禽精神委顿，食欲下降，排稀粪，消瘦。

4. 眼炎型 1～2周龄病雏易出现此型。病禽眼结膜发炎，眼睑充血、肿胀，眼球灰白色，流泪，眼前房有脓性物，重病者单目或双目失明。

5. 气囊炎型 5～12周龄肉鸡多见此型。病鸡等精神委顿，咳嗽，呼吸困难，发出啰音。病禽气囊发炎，内有大量浑浊黏液，会继发心包炎和肝周炎等。

6. 关节炎型 多见于7～10日龄雏禽。病禽关节发炎、肿胀，关节呈竹节样肿胀，行走不稳，跛行。本型发病很少，呈零星散发。

7. 浆膜炎型 2～6周龄病禽多见此型。病禽眼结膜和鼻腔内分泌出黏液性和浆液性物，气喘，下痢，有的腹部下垂，行走似企鹅样。

8. 肠炎型 病禽肠黏膜发炎、充血、出血，肠浆膜变厚，产生慢性腹膜炎，肠内容物含有血性黏液物。有的病禽单脚或双脚麻痹、跛行。后期病鸡，有的单眼或双眼失明。

【预　防】

1. 常规预防 ①禽舍每隔1～2天清扫1次，必要时每天清扫1次。粪便、污水要及时清理，集中封闭发酵处理。②禽舍和四周、禽笼、饮水器、生产工具等每隔6～7天消毒1次，发病时每天消毒1次。③种蛋入孵前要消毒。孵化设施及用具应定期常消毒。④水禽生活水体每6～7天消毒1次。⑤病禽要隔离饲养。重病禽要淘汰。死禽要深埋或焚烧无害化处理。⑥雨季做好防潮、除湿、通风等工作。夏秋做好防暑降温，冬季和早春做好防寒保暖。

2. 免疫接种 大肠杆菌血清型较多，免疫接种时应选与本场所发病血清型相同的菌苗。国内常用疫苗有鸡大肠杆菌铝胶灭活苗、鸡大肠杆菌多价油佐剂苗、鸭大肠杆菌和鸭疫里默氏杆菌二联灭活苗、大肠杆菌灭活苗、禽霍乱和大肠杆菌多价蜂胶二联灭活苗。鸡大肠杆菌铝胶灭活苗用于雏鸡皮下注射接种，每只用药0.5毫升，免疫期4个月。禽霍乱、大肠杆菌多价蜂胶二联灭活苗用皮下和肌内注射接种，雏鸡每只皮下注射0.5毫升，成鸭每只肌内注射1毫升，成鹅每只肌内注射2毫升，5～7天后产生免疫力，保护期12个月。

3. 西药预防 ①庆大霉素，按0.04%～0.06%混饮，供出壳后的雏鸡、鸭、鹅饮服，连用1～2天。②在饲料中添加微生态制剂，连用5～10天。

【治　疗】

1. 西药治疗 ①庆大霉素注射液，肌内注射，每千克体重每天

5 000~10 000单位，每天2次，连用3天。②硫酸庆大霉素针剂，每千克饮水中添加16万单位，连饮5天。③禽菌灵，每100千克饲料添加750克，连喂2~3天。④头孢噻呋注射液，每只雏鸡皮下注射0.08~0.2毫克。⑤头孢噻肟钠，每50升饮水添加2.5~3克，分2次饮服，每次2小时饮完。⑥40%硫酸安普霉素可溶性粉，每升饮水中添加250~500毫克，连饮5天。⑦阿莫西林和乳酸环丙沙星，每50升饮水各添加5克，每天分2次饮服，连饮3~5天。

2. 中草药治疗 ①黄柏100克，大黄50克，黄连100克（1 000只雏鸡用药量）。加适量水煎成1升，稀释10倍饮水供雏鸡饮用，每天1剂，连用5天。②干姜、厚朴、连翘、甘草、茯苓各50克，白术、附子、木香、木瓜、大枣、槟榔、桂皮、木瓜、滑石、猪苓、泽泻各40克。共研成粉末，每40升开水加入药粉400克，凉后饮用，连用3~5天。③水牛角粉80克，藕节、生地各50克，芦根、丹皮、茜草根、赤芍、青皮、参三七、仙鹤草、大青叶、元胡各40克。共研成粉末，每75千克饲料拌入药粉500克喂鸡，连用3~5天。④厚朴、陈皮、茯苓、泽泻各50克，柴胡60克，车前子、赤芍、枳壳、甘草、川芎、苍术各40克，香附30克。共研成粉末，每30升开水加入药粉500克，凉后饮服，连用3~5天。

3. 中西医结合治疗 ①丹皮、生地、陈皮各200克，黄连150克，甘草100克，葛根350克，苍术、黄芩各300克。共研成粉末拌入饲料中，供30只家禽分3天喂服。同时，用庆大霉素混饮，每天每只鸡2万单位、鸭3万单位、鹅4万~5万单位，连用3天。②黄柏、陈皮、茯苓、黄连须、车前子、苍术、藿香、厚朴各30克，金银花、胆草、蒲公英、白头翁各40克，甘草、板蓝根各50克（1 000只成鸭用药量）。适量水煎汁，每剂煎2次，2次煎汁合并，夏天加白糖为引，冬天加红糖为引，每天1剂，连用3天。卡那霉素或庆大霉素注射液，每只鸭每次肌内注射1毫升，隔天再注射1次，同时每千克体重灌服禽菌灵片1片，连服4次。③黄柏、黄芩各80克，栀子、白芍各70克，地榆90克，黄连50克，金银花85克，连翘75克，白头翁120克（200只鹅用药量）。加水5升，水煎2次，每次煎煮半小时，取汁拌料或灌服，1天2次，连用3～4天。链霉素针剂，每只鹅每次肌内注射60～80毫克，每天2次。

三、禽葡萄球菌病

本病是养禽业的常发病，鸡、鸭、鹅等都易感染，是一种由葡萄球菌引起的接触性急性或慢性传染病。

【病原及流行】 病原为金黄色葡萄球菌及其他葡萄球菌，革兰氏染色阳性。其在60℃要经30分钟才被杀死，干燥条件下可生存20～30天，0.1%～0.3%过氧乙酸和3%～5%苯酚等溶液在20～30分钟内可使之灭活。土壤、饲料、水体、禽舍、禽体表及肠道内、禽粪等中都有其存在。伤口、呼吸道、消化道和污染的种蛋等是主要的感染途径。病禽、带菌禽是传染源。雏禽和成禽都会感染发病，但以2～3周龄禽发病和死亡率最高。雏禽和幼禽易感病，成禽发病少。地面和网上平养禽比笼养或圈养禽发病多而重。多雨潮湿有利于发病。本病一年四季都会发病。禽舍卫生条件差、通风不良、饲养密度过大等会促进和加重本病的发生。

【症状及病变】 根据本病的临床特点可分为以下几种病型。

1. 脐带炎型 此型主要发生于刚出壳的雏禽。病雏禽脐孔发炎、肿大和腹部膨大等，病重者2～3天会死亡。

2. 急性败血型 病禽精神委顿，食欲不振，羽毛松乱，呆立，低头缩颈，翅松垂；个别的下痢，排灰白色稀粪。有的病鸡胸部和腹部皮肤变为紫色或黑紫色；许多部位的皮肤湿润、肿胀，手摸有波动感，局部羽毛易脱落。病重禽1～2天死亡。病鸭症状不明显，主要表现为精神欠佳、食欲下降、不喜行走等，个别鸭腹部增大、下垂。

3. 关节炎型 成禽发病多为本型。病鸡关节，特别是跗关节发炎、肿胀、紫红色；有的足底肿胀、溃烂或结痂；鸡冠肿胀或溃烂。病禽喜伏卧，运动失调，以胸部着地，跛行，消瘦。

4. 眼型　病禽眼睑肿胀，有脓性分泌物；眼结膜充血，红肿，可见肉芽肿；病重者失明。

5. 皮肤型　病禽腹部皮肤水肿，充血，发红，渗出炎性物；有的皮肤溃烂，流出紫红色难闻液体。病重者2～3天死亡。

脐带炎型病雏禽脐部发炎、肿大，呈紫黑色，卵黄吸收不良。关节炎型病禽关节发炎、肿胀，紫红色，关节囊内有黄色脓性或浆液性纤维素渗出物。败血型病禽心冠脂肪出血，肝、脾等充血或坏死；胸腹部皮肤紫黑色，有胶冻样粉红色液体；肌肉有出血斑点或条纹。

【预　防】

1. 常规预防　①禽舍内及周围环境要经常打扫，清除粪便、污水等。②雨季做好禽舍的防潮工作，勤换垫料。③禽舍地面、墙壁、饮水器、料槽、水禽生活水体、用具等每隔6～7天消毒1次，发病时每天消毒1次。④重视禽痘的防控。⑤对可能造成禽受伤的铁丝和玻璃要及时清理，钝圆边角，剪去尖刺。⑥疫苗接种、断喙、剪趾等操作要认真消毒。⑦适当降低饲养密度，供给全价料，以免发生打斗或啄癖等。⑧做好禽舍的通风、透光工作。

2. 免疫接种　20～30日龄鸡皮下注射葡萄球菌多价氢氧化铝灭活苗或油佐剂灭活菌苗1毫升，2周后产生免疫力，保护期6个月，可有效保护90%以上的雏鸡。

【治　疗】

1. 西药治疗　①硫酸多黏菌素，每100升饮水中添加100毫克，每天饮1次，连用3～5天。②氨苄青霉素，每100升饮水中添加100毫克，每天饮1次，连用3～5天。③硫酸庆大霉素，重病鸡前2天每千克体重肌内注射6 000～12 000单位，后2天每千克体重肌内注射4 000～8 000单位，每天2次，4天为1个疗程。④硫酸庆大霉素，每只雏鸭、鹅肌内注射3 000单位，每天3次，连用7天。

2. 中草药治疗　①黄连、栀子各20克，菊花、黄柏、甘草、连翘各30克，金银花40克（100只仔鹅用药量）。适量水煎取汁凉后供仔鹅饮服，1天1剂，连用2～3天。②黄柏、黄连、黄芩、板蓝根、焦大黄、神曲、大蓟、甘草、茜草、车前子各等份。每天每只雏鸡用药2克，适量水煎取汁拌料喂服，每天1剂，连用3天。③黄柏、牡丹皮、白头翁、防风、连翘各100克，桑白皮、秦皮、独活、海藻各80克。共研成粉末，每75千克料拌入药粉500克喂禽，连用3～5天。④浙贝母、当归、皂角刺（中炒）、天花粉各30克，防风、白芷、乳香、没药、赤芍各25克，陈皮、金银花各60克，甘草15克。共研成粉末，每75千克饲料拌入药粉500克喂服，连用3～5天。⑤黄芩、黄连、黄柏各100克，鲜小蓟400克，甘草、大黄各50克。加适量水煎，连煎3次。合并3次煎汁共5升，凉后供雏鸡饮服，每天1剂，连用3天。⑥黄柏、茵陈、炒大黄、黄连各100克，细辛50克，苦参、甘草各80克。共研成粉末，每75千克饲料拌入药粉500克喂服，连用3～5天。⑦白矾、黄连、黄柏各200克。共研成粉末，用适量凉开水调糊涂患处，每天2次，连用3～5天。

四、禽丹毒

丹毒杆菌可引发家禽急性败血性传染病，还可感染猪、羊、牛、鱼及人等。本病是一种人兽共患病，应予以重视。

【病原及流行】 禽丹毒由猪丹毒杆菌所致。该菌属革兰氏染色阳性，是一种平直或稍弯曲的小杆菌。其在50℃条件下15分钟才被杀死，70℃5分钟被灭活。苯酚、漂白粉、来苏儿等常用消毒剂5～15分钟可将其灭活。此菌广泛存在于土壤、水体、粪便中及猪、牛、鸡、鸭、鹅、鱼机体。病禽、带菌禽和其他发病或带菌动物是传染源。消化道、黏膜和皮肤伤口等是感染途径。本病一年四季都可发生。家禽不论日龄大小都会感染，2～3周龄雏禽更易感。家禽以火鸡死亡率最高，一般为3%～30%，严重的

50%；鸭其次，死亡率最高 30%；鸡死亡率 2%～10%。猪舍改养家禽易发生本病。

【症状及病变】　急性病禽有的突然死亡，症状无或不明显。病禽精神委顿，腹泻，皮肤出血，有的皮肤表面有紫血斑，呼吸急促，羽毛松乱，食欲不振或不食，有的 2～3 天死亡。慢性病禽关节炎，关节肿大，生长不良。

病禽皮肤出血，有红色或紫红色斑；肌肉砖红色；胸腹膜、心包膜、气囊膜和心肌出血；肝脏肿胀、出血，脆变；肾肿胀、充血；腺胃、肌胃变厚，产生溃疡；十二指肠黏膜充血；盲肠黏膜有溃疡和黄色小结节；有的关节肿大、畸形；有的表现输卵管炎、腹膜炎、肠炎等。

【预　防】　①禽舍内外每隔 1～2 天打扫 1 次，清除粪便、污泥水、垫料等。②家禽不要与猪、牛、羊、兔等混养。养过猪等的栏舍未经彻底消毒不可用于养禽。③不同阶段禽要分开饲养。④病禽要隔离。重病禽应淘汰。病死禽要深埋或焚烧。⑤禽舍内外每隔 6～7 天要消毒 1 次，发病时每天消毒 1 次，同时饲管人员要注意自身的防护。

【治　疗】

1. 西药治疗　①青霉素钾原粉，100 升饮水中添加 15 克，每天 2 次，每次饮 2 小时，连用 2～3 天。②青霉素钠，鸡每次肌内注射 3 万单位，每天 2 次，病重鸡每天 3 次，连用 2～3 天。③速溶青霉素，每升饮水中添加 100 万～200 万单位，连饮 4～5 天。④青霉素，鸭、鹅每千克体重肌内注射 3 万～5 万单位，每天 1 次，连用 3 天。⑤安苄西林，鸭、鹅每千克体重肌内注射 15～20 毫克，每天 2 次，连用 3 天。

2. 中草药治疗　黄柏、黄芩、连翘、大黄、地丁、山栀子、龙胆草、贯众各 10 克，蜈蚣 1 条，金银花 7 克（20 只鸭、鹅用药量）。加适量水煎 2～3 次，合并几次煎汁，凉后让鸭、鹅饮服或灌服，每天 1 剂，连用 2 天。

五、禽链球菌病

禽链球菌病在我国各地时有发生，也是一种世界性的禽类细菌性传染病。鸡、鸭、鹅都会感染，死亡率 10%～50%。

【病原及流行】 本病原为兽疫链球菌和粪链球菌。前者主要感染成禽，后者多引起雏禽发病，由血清 C 群和 D 群链球菌所致。该菌革兰氏染色阳性，有需氧、兼性厌氧和厌氧 3 类。该病菌存在于土壤、水体、畜禽粪便、污泥和染病畜禽体内等；在干燥尘土中可生存数天，在粪便中可存活数月，在禽舍中可生存 2～3 个月。百毒杀、甲醛等常用消毒剂可将其灭活，60℃ 5 分钟可使之灭活。鸡、鸭、鹅、火鸡、鸽等易感染本病。病禽、带菌禽是传染源。呼吸道、消化道和伤口是主要感染途径。蜱等寄生虫是传播媒介。家禽不分品种和年龄，都会感染本病。本病一年四季都会发生，但以多雨潮湿的春季和夏初发病多而重。禽舍污秽不洁、潮湿、通风和透光差等会促发和加重发病。

【症状及病变】 本病分为急性、亚急性和慢性 3 种。

1. 急性型 家禽发病突然，出现败血症症状。病禽精神委顿，怕冷，羽毛松乱，呼吸困难，行走不稳，有的腿和翅麻痹，冠紫色或苍白，胸腹部皮肤黄绿色，腹泻，排灰白色或黄绿色稀粪。雏鸡、鸭感病多表现本型。

2. 亚急性或慢性 成禽发病多表现此型。病禽精神不振，不食或少食，喜伏卧于地和闭目休息，冠和肉髯紫色或苍白，有的腹泻和消瘦，头部颤抖，角弓反张，双腿瘫痪或半瘫痪，头埋于翅下等羽毛多处。有的病禽跗、趾关节肿大，跛行，局部组织坏死；发生眼炎和结膜炎，眼球肿胀，流泪，个别的失明。有的病禽双翅或一侧翅肿胀、溃烂、产生腐臭黏液或出现转圈等神经症状。

雏病禽卵黄吸收不全；肝肿大，黄褐色；胆囊肿大；脑膜充血和出血；纤维素性心包炎；盲肠扁桃体出血。急性病禽皮下、浆膜和肌肉水肿；心包和腹腔内有浆性积液；有卵黄性腹膜炎和卡他性肠炎；肝脏肿大，暗紫色，表面有出血点和坏死点；肺水肿、淤血；脾脏肿大，有出血点或坏死灶；气管和支气管黏膜肿胀、充血；肾脏肿大，有出血点或坏死点；气囊发炎、增厚、混浊。慢性病禽出现纤维素性心包炎、肝周炎、输卵管炎、关节炎、卵黄性腹膜炎等，器官发生实质变性或坏死；病禽极度消瘦，下颌骨间出现脓肿。

本病临床上与葡萄球菌病、败血型大肠杆菌病和禽霍乱等有许多相似之处，鉴别需做细菌分离鉴定。

【预　防】　①禽舍每隔1～3天打扫1次，彻底清除粪便、污水、尘土等并集中密封发酵处理。②勤换干燥垫料。饮水器等要常清洗消毒。③雏禽、成禽应分开饲养。④病禽要隔离饲养。淘汰病重禽。病死禽要深埋无害化处理。⑤禽舍内外每4～6天消毒1次，发病时每天消毒1次。⑥种蛋要消毒后方可入孵。⑦做好蜱等寄生虫病的防治。⑧多雨季节要重视禽舍的防潮防湿、通风换气。忌高密度养禽。

【治　疗】

1. 西药治疗　①诺氟沙星，每千克饲料拌入0.5克，连喂3～5天。②酒石酸泰乐菌素，每升饮水中添加0.5克，连饮3～5天。③氨苄青霉素，每千克体重10～20毫克，拌料喂服，每天2次，连用3～5天。④每升饮水中加入二氟沙星50毫克，每天1次，连用3～4天。⑤盐酸恩诺沙星，每升饮水中添加75毫克，连用3～5天。⑥复方新诺明，每50千克饲料中拌入20克喂鹅，连用3天。

2. 中草药治疗　①地榆、连翘、生地、丹皮、茯苓、马齿苋各10克，甘草6克，蒲公英20克，金银花、紫花地丁各15克，泽泻8克。所有药共研成粉末，按2.5%混饲，连用3～5天。②犁头草、一点红、田基黄、蒲公英各40克，积雪草50克。适量水煎，取汁，供500只鸡分3次拌料喂服，每天1剂，连用3～4天。③忍冬藤、野菊花、筋骨草各50克，七叶一枝花25克，犁头草40克。适量水煎，取汁，供500只鸡分2～3次拌料喂服或灌服，每天1剂，连用 3～4 天。④紫花地丁、连翘、射干、蒲公英、山豆根、大黄、甘草各 20 克，麦冬、金银花各 15 克。加适量水煎汁，取汁拌料，供 500 只鸡喂服，每天 1 剂，连用 4～5 天。

六、禽伤寒

禽伤寒的发病率较高，传播较快。它可感染鸡、鸭、鹅、珍珠鸡和野鸡、野鸭等，主要侵害青年和成年家禽等，会致禽大批死亡。

【病原及流行】 病原是禽伤寒沙门氏菌。阳光、紫外线、普通消毒剂等几分钟可将其杀死；60℃ 10 分钟能将其灭活；2% 福尔马林、1% 高锰酸钾溶液等可在 3～5 分钟将其灭活。粪便、污水、土壤等中的病菌可存活 10～40 天；垫料中的病菌能存活 20～80 天。病禽、带菌禽是传染源。其粪便和被污染的禽舍、土壤、饲料、饮水、种蛋、用具等可传播病菌。消化道、眼结膜、直接接触、伤口是主要感染途径。蝇、鼠等是传播媒介。青年禽和成禽最易感。雏禽感染是种蛋带菌所致。鸡、火鸡、珍珠鸡等最易感染本病，其次是鸭、鹅、鹌鹑等。本病一年四季都会发生，但以冬春两季发生多而重。环境污浊、通风不良、阴暗潮湿等会促发和加重本病的发生。

【症状及病变】 本病潜伏期 4～5 天。病禽精神委顿，食欲不振或不食，不喜行走，羽毛蓬乱，翅松垂，头无力抬举，发热，体温升高到 43～44℃，口渴，腹泻，冠和肉髯苍白，排淡黄绿色稀粪，肛门四周羽毛被粪沾污。病禽若发生腹膜炎，立姿似企鹅。急性病禽第二天会出现死亡；慢性病禽可延续 3～4 周，很少死亡，多数会康复，成为带菌禽。雏禽发病，症状与鸡白痢相似，死亡率10%～30%。急性病程为 2～10 天。

急性型病禽病理变化不明显或难以用肉眼观察。慢性型病禽肝、脾明显肿大，淡绿棕色或古铜色；肝和心肌上有灰白色坏死小点；小肠卡他性炎症；十二指肠有点状出血；卵泡变形、出血，卵泡破裂则引起腹膜炎。雏鸡发病，病理变化与雏鸡白痢相似，肺和心肌处能看到灰白色小病灶。病鸭心包出血，脾脏稍肿大，肺和肠有卡他性炎症，但无白色坏死灶。雏鸭发病，病程很短，病理变化与雏鸡白痢相似。

禽伤寒与鸡白痢区别：禽伤寒主要发生于 3 周龄以上，特别是 12 周龄以上的青年和成年禽；而鸡白痢主要发生于雏鸡，成鸡带菌也多不发病，更不会致死。

【预 防】 ①病禽应隔离饲养。病重禽应淘汰。病死禽要深埋或焚烧，进行无害化处理。②每隔 1～2 天打扫禽舍及四周环境、及时清除粪水及污泥等。③禽舍及四周环境每隔 5～7 天消毒 1 次，发病时每天消毒 1 次。④种蛋入孵前要消毒，孵化设备定期消毒。⑤重视灭蝇、除鼠工作，以免传播和扩散本病。

【治 疗】

1. 西药治疗 ①氟苯尼考，每千克体重 20～30 毫克，拌料喂服，每天 2 次，连用 3～5 天。②每 100 千克饲料拌入敌菌净 30～40 克或诺氟沙星 20 克，连用 4～5 天。③庆大霉素针剂，鸡每千克体重肌内注射 0.5 万～1 万单位，每天 2 次，连用 3～5 天。④丁胺卡那霉素，每 100 千克饲料拌入 15～25 克，连用 3～5 天。⑤恩诺沙星纯粉，每升饮水添加 50 毫克，连用 5 天。

2. 中草药治疗 ①黄芩、黄连、黄柏、栀子各 0.5 千克（1 000 只鸡用药量）。用适量水煎，取汁，共煎 3 次，合并 3 次煎汁，每天供鸡饮服 2 次，连用 5 天。重病鸡灌服。②黄连、大青叶、黄柏、白芍、秦皮各 20 克，乌梅 15 克，白头翁 50 克。所有药共研成粉末，每只鸡前 3 天每天用药粉 1.5 克，后 4 天每天用药粉 1 克，混拌饲料喂服，连用 7 天。

七、禽坏死性肠炎

本病是一种急性、传染性肠毒血症，主要危害雏禽和青年禽，成禽也会发病，但受害较轻。

【病原及流行】 病原为魏氏梭菌，其产生的 α 和 β 毒素是致感染禽肠黏膜坏死的主要原因。该菌革兰氏染色阳性，专性厌氧。土壤、污水、动物源性饲料、粪便、动物消化道等中存在此菌。病禽、带菌禽是传染源。2～6周龄的家禽最易感，7～16周龄的家禽也会发生感染；火鸡7～12周龄易感染。感染途径主要是消化道。饲用高蛋白、高能量、高纤维饲料和肠黏膜有损伤、球虫感染等，会促发和加重发病。本病一年四季都会发生，但以秋冬发病较多。地面饲养的2～5周龄肉鸡比网上饲养的肉鸡发病多而重。

【症状及病变】 病禽精神不振，减食，羽毛松乱，不喜运动，腹泻，粪便黑色或混有血液，有的可见脱落的肠黏膜，死亡率5%～50%。急性病鸡病程极短，症状不明显，很快死亡。病鸭精神委顿，站立不稳，体衰弱，易脱羽，排粪少或无，死亡率1%～5%，高的达40%～50%。产蛋鸭发病，产蛋量大幅下降或停止。

病鸡主要病变是小肠后段黏膜坏死，肠壁变厚、脆化、充血，肠腔内充满空气；肠黏膜充血、水肿，有松紧不一的假膜；肠腔内有出血物，肠壁可见出血斑点；肠内容物呈液状，黑绿色；肝、肾肿大，可见圆形小坏死灶。病鸭肠管充血、肿胀，十二指肠和空肠部分暗红色；空肠后段和回肠前段苍白、脆化，内含大量有血液的紫黑色液体；有的肠内有黄色碎块；母病鸭输卵管内有干酪样积存物。

【预 防】 ①禽舍内外每2～3天清扫1次，清除粪便、污水等。②雏禽、中禽、成禽分开饲养。③病禽要隔离饲养。病重禽应扑杀，与病死禽一块深埋或焚烧。④禽舍内外每隔6～7天消毒1次，发病时每天消毒1次。⑤重视寄生虫病的防治。严禁过量喂给高蛋白、高脂肪饲料，保证营养平衡。

【治 疗】

1. 西药治疗 ①阿莫西林，100升饮水中加入40克，早、晚各饮1次，连用5天。②雏鸡每天肌内注射2 000单位和成鸡每天肌内注射2万～3万单位青霉素，每天2次，连用3～5天。③杆菌肽拌料喂服，每天每只雏鸡 0.6～0.7 毫克、中鸡 6～7 毫克、成鸡 7.2 毫克，每天 2 次，连用 3 天。④红霉素，每千克体重 15 毫克，拌料分 2 次喂服，连用 3 天。⑤林可霉素，每千克体重 15～30 毫克，拌料喂服，每天 1 次，连用 3～5 天。⑥头孢噻呋，100 升饮水中加入 100 克，每天 2 次，连用 3 天。⑦环丙沙星按 0.02% 或强力霉素按 0.01% 混饲，连用 5 天。

2. 中草药治疗 ①木炭粉，按每千克体重 0.2 克拌料喂鸭，连用 3～5 天。②秦皮、白头翁各 60 克，黄柏 45 克，黄连 30 克。所有药混研成粉末，按 0.8%～1.2% 拌料喂鸭、鹅，连用 3～5 天。

八、禽李氏杆菌病

本病是一种禽（鸟）和哺乳动物共患的疾病，人亦会感染此病。家禽以雏禽、中禽最易感，主要表现为坏死性肝炎、心肌炎和脑膜炎，发病率一般，但病死率高达 50%～90%。

【病原及流行】 病原是产单核细胞李氏杆菌，革兰氏染色阳性，是一种寄生于细胞内的小杆菌。它广泛存在于自然界的土壤、水体、干草中。此病菌可长期存活于土壤、干草和青贮饲料等中，对盐、碱抵抗力较强；58℃ 10 分钟和 75℃ 15 秒可将其灭活；生石灰、漂白粉等消毒剂都可杀死它。病禽、带菌禽和其他患病、带菌动物是传染源。其分泌物、排泄物含有病菌。自然界中有 42 种哺乳动物和 22 种鸟（禽）类易感本病。鸡、鸭、鹅、火鸡、鹦鹉等可感染本病。家禽中鸡、火鸡、鹅较易发病，鸭很少发病。鼠类是该菌的天然宿主。呼吸道、消化道、伤口、眼结膜等是主要感染途径。家禽不分年龄大小都会感病，中、雏禽最易发病。本病一年四季都会发生，但以冬春季发病多而重。家禽体弱、抗病力低、营养不良及骤冷骤热等会促发和加重本病的发生。

【症状及病变】 病禽精神委顿，羽毛松乱，不食或少食，两翅松垂，冠和髯发绀，喜卧伏于地，两脚无力，走时摇晃。重病禽脱水严重，皮肤暗紫色，卧地不起，痉挛抽搐，两脚乱划。败血症病禽多会突然死去。有神经症状的病禽表现斜颈，仰头，角弓反张，痉挛，肢体半麻痹态，死亡率高达80%～100%。鸡发生本病，多并发白血病、鸡白痢和寄生虫，加重病情，使治疗更困难。

病禽脑膜、脑血管充血，心肌、心包充血和出血，心肌变性、坏死，心包积液；肝脏肿大，绿色或土黄色，质脆，表面有坏死灶和紫色淤斑；脾肿大、充血，黑红色；腺胃、肌胃、肠黏膜弥漫性出血，有卡他性炎症；胆囊肿大；肠道出血。病鸭心肌出血，肝、脾肿大，肝表面有土黄色坏死点。成鸡两脚麻痹。幼鸭表现结膜炎。

【预　防】　①不同种类、年龄家禽要分开饲养。②家禽不可与牛、羊、猪等家畜混养。③及时清理禽舍内外的粪便、污水、垫料等，集中密封发酵处理。④病禽要隔离饲养。病死禽要做深埋等无害化处理。⑤做好禽舍内外的消毒工作。平时每隔5～7天消毒1次，发病时每天消毒1次。⑥做好蚊、蝇、鼠和体外寄生虫的防治工作。⑦投喂营养丰富全面的饲料。勤换垫料。雨季重视防潮湿，夏秋重视防暑降温，冬季注意防寒保暖。

【治　疗】　①四环素，按0.06%～0.1%混饲，连用3～5天。②庆大霉素，雏鸡肌内注射5 000～10 000单位，每天1次，连用2～3天。③头孢拉定，每10～15升饮水加入1克饮服，每天2次，连用3～5天。④轻病禽每只用2 000单位青霉素混饲或混饮，连用3～4天。

九、禽副伤寒

禽副伤寒是多种沙门氏菌引发的传染病，主要危害雏鸡、雏鸭和雏鹅等雏禽，可致大批染病死亡，死亡率10%～90%；成禽感染后多不会发病，成为带菌者。此病原还可感染猪、牛、羊、马等，也能感染人，是一种多种动物的共患病。

【病原及流行】　禽副伤寒病原为多种沙门氏菌，种类很多，感染禽的主要有鼠伤寒沙门氏菌、鸭沙门氏菌、肠炎沙门氏菌等十余种，革兰氏染色阴性，是一种兼性厌氧杆菌。其广泛存在于土壤、水体、粪便等中，鸭粪中能存活28周，土壤中（鼠伤寒沙门氏菌）可存活280天，池塘中能存活119天，饮水中可存活1～3个月，在蛋壳表面和蛋中室温下能存活8～10周，在60℃15分钟可灭活，常用消毒剂都可将其杀死。鸡、火鸡、鸭、鹅、猪、牛、马等都会感染此病。2周龄内的雏禽最易感病，5～10天达发病高峰，病死率一般10%～20%，严重的为70%～90%。1月龄以上的家禽对此病有较强抵抗力，即使发病也不会死亡。成禽带菌也不会发病。病禽、带菌禽是传染源。感染途径是呼吸道、消化道和种蛋等。苍蝇和鼠类等是传播媒介。

【症状及病变】　带菌蛋孵出的雏禽出壳后很快会死亡，无明显症状。2周龄内的病鸡精神委顿，不食或少食，怕冷，喜扎堆，呆立，羽毛松乱，喜饮水，下痢，排黄绿色稀粪，离群，肛门四周及羽毛沾有粪污。有的病雏禽关节肿胀，行走不稳，呼吸困难，跛行，多在1～2天死去。成禽感染多不发病，成为带菌者，只有极个别禽出现下痢、少食、精神欠佳等轻微症状，不过很快会康复。病鸡精神不振，不食，眼睑水肿，呼吸困难，发抖，运动失调，眼、鼻流出清水样分泌物。

急性死亡的雏禽病变不明显或无。一般病雏禽脱水，消瘦，脐炎，卵黄凝固；肝脏和脾脏充血、出血，有条纹样出血和灰白色小坏死灶；心包炎，有纤维素样渗出物；肾脏淤血。病雏鸡心包出血，肺、小肠发生卡他性炎症和关节炎。病雏鹅小肠后段、盲肠和直肠肿胀，斑驳状；心包和心肌发炎；膝关节肿胀。成禽病者消瘦，出现坏死性或出血性肠炎；心脏产生坏死结节；肝、肾充血，肿胀；卵巢出现化脓性和坏死性病变，有的演进为腹膜炎。

【预　防】　①每隔2～3天打扫禽舍及周围环境1次，彻底清除粪便、污水和垫料等。②病禽隔离。雏禽和中、成禽分开饲养。③重病禽淘汰。病死禽要深埋无害化处理。④禁止从病禽场引入禽或蛋。⑤饮水器、料槽和生产工具应经常清洗并置太阳下暴晒1～2天。⑥禽舍及周围每隔5～7天用消毒剂消毒1次。发病时每天消毒1次。⑦做好灭蝇、鼠工作。⑧种蛋入孵前要消毒。病禽所产蛋不可种用。孵化设施也要消毒。⑨家禽不要与猪、牛等混养。

【治　疗】

1. 西药治疗　①头孢噻呋钠，每千克体重肌内注射5～6毫克，每天1次，连用2～3天。②氟苯尼考，每150升饮水加入100克，连饮5～7天。③紫锥益毒清，每100升饮水加入100克，连饮5～7天。④倍安，100～150升饮水加入1瓶，连饮3～5天。⑤贝肠宁，200升饮水中加入1瓶，1天2次，连用3～5天。⑥健胃散，按0.5%混饲，连用3～5天。

2. 中草药治疗　①大蒜5克，水50毫升。将大蒜捣烂成泥状，加入冷开水混合，鸡每只每次灌服1毫升，每天3～4次，连用3～4天。②黄柏、栀子、黄芩、金银花、黄连、五倍子、肉豆蔻、甘草、白头翁、前胡各20克，焦山楂、秦皮、陈皮各30克。适量水煎，取汁，供300只21日龄鸡1天3次拌料喂服或混入饮水中饮服，每天1剂，连用3天。③车前草80克，地锦草和马齿苋各160克。加水3升煎汁，供600只鸡1天饮服，每天1剂，连用3～5天。④金银花、车前草、凤尾草各10克，地锦草、蒲公英和马齿苋各20克。加适量水煎汁1升，供100只雏鸡或60～70只雏鸭、鹅1天饮服或拌料喂服，每天1剂，连用3～5天。⑤辣椒150克，切碎，加3升水，煎至1.5升，供1000只30日龄内雏禽饮服，连用3～4天。⑥白术10克，研成粉末，鸡每只每天喂服1克，每天2次，连用3～4天。⑦马齿苋榨汁，每只每次口服10～15滴，每天3次，连用3～4天。

十、禽溃疡性肠炎

雏禽和青年禽易感染此病，雏鹌鹑最易感病，几天内死亡率高达 90%～100%，被称为"鹌鹑病"，对养禽业有很大危害。

【病原及流行】　病原为厌氧梭状芽胞杆菌，革兰氏染色阳性。土壤、污泥、禽的粪便、污水等中有它的存在。病原在 100℃ 3 分钟或 70℃ 3 小时仍不能被杀死，一些常用消毒剂不易将其灭活。病禽、带菌禽是传染源。苍蝇是本病的传播媒介。感染途径主要是消化道。鹌鹑最易感，自然情况下可感染鸡、鸽、松鸡、火鸡等，以 6～12 周龄肉鸡、4～12 周龄蛋鸡、鹌鹑和 4～12 周龄火鸡发病多。成禽感染但多不发病，成为带菌或慢性病者。禽舍潮湿、通风不良和饲用变质饲料等会促发和加重此病。

【症状及病变】　急性病禽症状无或不明显，多突然死亡。病禽精神委顿，不食或少食，羽毛松乱，不愿活动，半闭眼呆迟，消瘦，胸肌萎缩，排出有恶臭味的浅红色或黄绿色稀粪。病程长的慢性病禽，极度消瘦，脱水严重，多衰竭死去。雏禽多为急性发病，发病急，病程短，死亡率高。

病禽小肠壁增厚，黏膜发黑、出血；小肠前段黏膜充血、出血，小肠后段和盲肠黏膜充血、出血，多有坏死灶和溃疡；严重的溃疡会穿透肠壁，引发腹膜炎和内脏粘连。肝脏肿大，褐紫色或砖红色，表面有黄色或灰白色大小不一的坏死灶。脾脏肿大、淤血，黑褐色，有白色坏死点和出血点。

【预　防】

1. 常规预防　①做好禽舍卫生工作。每隔 1～2 天打扫 1 次，清除禽舍内外的粪便、污水等，认真清洗饮水器和食器。②禽舍内外每隔 5～7 天用可杀死细菌芽胞的消毒剂消毒 1 次，发病时每天消毒 1 次。③病禽应隔离饲养。病死禽应深埋或焚烧。重病禽要果断淘汰。④春、夏、秋季每 2～3 天喷洒杀苍蝇药 1 次。苍蝇少时，可布放粘蝇板。⑤雨季禽舍要勤换垫料，注重防潮、防湿。禁止用霉变和不洁的饲料喂禽。

2. 西药预防　发生疫情时，未发病禽可饮服丁胺卡那霉素，每 7.5 升饮水加入 1 克，每天 2 次，连用 3 天。

3. 免疫接种　禽溃疡性肠炎油剂灭活苗，皮下注射每次雏鸡0.5毫升，中、成鸡1毫升，15～20日龄首免，70～80日龄二免，15天后产生免疫力，免疫期6个月，保护率100%。

【治　疗】　①链霉素，按0.006%混饮，连用3～4天。②杆菌肽锌，每千克饲料拌入0.1～0.2克，连用3～5天。③红霉素，每升饮水加入1～3克供禽饮用，连用3～5天。④氟苯尼考，按0.2%混饮，每天3次，连用5～7天。⑤碳酸氢钠，按0.5%混饲，连用5～6天。⑥阿莫西林，800千克饲料拌入100克，连用5天。

十一、禽亚利桑那菌病

雏鸡、中鸡等最易感染发病，死亡率10%～50%，高的达90%以上，是养禽业的重要威胁。此病可感染禽类、哺乳动物等，还可感染人，是一种人兽共患急性或慢性传染病。

【病原及流行】　病原为沙门氏菌属亚利桑那菌，革兰氏染色阴性，兼性需氧，有多个血清型。本病原宿主广，除感染禽外，还会感染猪、羊、兔、老鼠、猫、犬和人类。禽类中，火鸡感染最普遍，鸡、鸭、鹅、山鸡等都易感本病。病禽、带菌禽和其他发病、带菌动物是传染源。本病可通过消化道、呼吸道、伤口、种蛋、接触等感染。成禽感染后，肠道内长期带菌，成为重要传染源。雏禽是本病的最大受害者，1～15日龄雏鸡发病，死亡率90%以上；5周龄鸡发病，死亡率40%～60%。

【症状及病变】　成禽感染多无症状或症状不明显。病雏禽精神委顿，不食或少食，重度腹泻，粪便黄绿色，肛门及四周羽毛粘有粪污；结膜发炎，内有白色分泌物；眼睑充血、肿胀，视网膜上覆盖一层干酪样物，导致单目或双目失明。有的病雏鸡翅膀松垂，羽毛松乱，呼吸急促，运动失调，角弓反张，最后衰竭死亡。雏鹅发病，多为急性，大多1～2天死亡；幼鹅为慢性经过，有的1～2周死去。

急性死亡的禽病理变化不明显。雏病鸡肝肿大，为正常的 2～3 倍，表面有黄色斑驳和砖红色条纹，质脆化，切面有针头大出血点和灰白色坏死灶；心脏表面有出血点，心肌软化，有的心脏有紫红色淤血；肺充血、出血，表面有大小不一干酪样坏死灶；肾、脾充血、肿胀；胆囊肿大；十二指肠黏膜出血，部分脱落，盲肠内有干酪样物；脑充血或出血，大脑内有明显积液；卵黄吸收不全；气管内有少许尖叶性分泌物。

【预 防】

1. 常规预防 ①禽舍要远离猪、牛、羊、兔等舍，也不要混养。野鸟和鼠类多的地方不要建禽舍。②禽舍内外每隔 2～3 天打扫 1 次，清除粪便、污水、垫料等。③禽舍内外每隔 6～7 天消毒 1 次，发病时每天消毒 1 次。④不同种类及不同日龄的禽要分开饲养。⑤重病禽和病死禽应深埋或焚烧。⑥病禽和带菌禽产的蛋不可作种用。种蛋和孵化设备入孵前要消毒。⑦做好灭鼠、灭虫工作。

2. 西药预防 母禽产蛋前 7 天，硫酸阿米卡星注射液 100 毫升加 200 毫升蒸馏水稀释均匀，每千克体重肌内注射 0.2 毫升。

【治 疗】

1. 西药治疗 ①磺胺甲基嘧啶，按 0.25% 混饲，连用 3～5 天。②复方敌菌净，4～7 日龄鸡每千克饲料拌入 600～1 000 毫克，连用 3～4 天。③卡那霉素，鸡每只每次肌内注射 1 万单位，每天 2 次，连用 3 天。④红霉素，按 0.07% 混饲，连用 7 天。⑤氧氟沙星，每升饮水中加入 100 毫克，连用 3 天。

2. 中草药治疗 麦冬、炙苍术、党参各 0.75 克，石菖蒲、胆南星各 0.05 克（1 只雏鸡用药量）。适量水煎，取汁，凉后供鸡饮服（重病鸡每只灌服 10 毫升），隔天 1 剂，连用 2～3 剂。

十二、禽肉毒梭菌中毒症

本病在一些家禽养殖场时有发生，是一种由肉毒梭菌引起的、以神经麻痹为主要症状的急性致死性疾病。

【病原及流行】 病原是肉毒梭菌。该菌存在于土壤、水体、粪便、污泥、动物尸体、腐败动物性饲料等中。该菌革兰氏染色阳性，是一种厌氧细菌，其本身并不会致病，主要是在厌氧条件下产生的毒素会引起中枢神经和延脑麻痹性中毒。其在厌氧条件下 10～47℃都会产生毒素，以 35～37℃最适产毒；毒素有 7 个血清型，引起家禽中毒的主要是 C 型毒素。肉毒梭菌毒素属神经毒素，是最毒物质之一，易被家禽等动物胃肠吸收，动物胃液和消化酶 24 小时不能使之破坏，80℃ 6 分钟可被破坏。死亡的猪、牛、羊、禽、鱼及腐败动物性饲料、蝇蛆等含有大量肉毒梭菌及毒素，如被家禽取食，就会发生中毒；中毒后或中毒死去的家禽体内也有大量病菌和毒素，如被人食用，同样会引发中毒。高温高湿的夏秋季易发生此病。

【症状及病变】 家禽从采食到发病只需 1～2 天，快的 3～5 个小时就会发病。病禽神情呆滞，废食，翅松垂，虚弱，脚麻痹，呼吸急促；严重的四肢和颈麻痹，脚瘫痪，颈软无力并平伸于地面；如用手托起禽头颈部，松后即坠落于地，故称"软颈病"。鸭、鹅在野外发病，不愿或不能游动，逐水漂流，有的头颈垂浸于水中淹死。

病禽病变不明显，有的心外膜有小点状出血；肝脏肿大，脆变，黄色，斑驳状，表面有黄色针点状病灶；脾、肾充血，肿大，紫黑色；肠黏膜有轻度卡他性炎症；关节肿大，关节囊内有纤维素性渗出物；心包积液，心肌和脑组织出血。

此病确诊，需进行细菌分离和鉴定。

【预防】 ①猪、牛、羊等动物尸体要及时深埋或焚烧，绝不可随便抛于野外地面或水中。②发现野外地面或水中有动物尸体，应及时清理、打捞并深埋或焚烧；被污染的地面和水体要消毒。有流动水源的地方，污染水体应更换。③禁止投喂腐败或变质的鱼、肉、动物内脏和蝇蛆等。含动物源性蛋白高的饲料如已变质，应深埋或经发酵后作肥料用，不可喂禽。④家禽与猪、牛等要分开饲养。不同种类家禽不要同场饲养。⑤禽舍内外每 1～2 天打扫 1 次，清除粪便、污水、垫料等。每隔6～7天消毒1次，夏秋季每隔3～4天消毒1次。⑥病死和重病禽要深埋或焚烧，绝不可食用或出售，或加工后出售，否则消费者食用后会中毒。

【治　疗】

1. 西药治疗　①肉毒梭菌多价抗毒素，成年鸭、鹅每只肌内注射2～4毫升，雏鸭、鹅每只肌内注射1毫升。②10%硫酸镁溶液，病初每只鸭、鹅灌服20～30毫升，全群同时饮用2%～3%葡萄糖水。③口服青霉素、链霉素。④硫酸镁，按每只鸡0.4克量拌料，一次喂完。⑤0.01%高锰酸钾溶液，病初鸡连饮5天。

2. 中草药治疗　①仙人掌100克，白糖5克，共捣烂成泥状，每只鸭灌服3克，每天2次，连服2天。②大蒜1000克，捣成泥状，加入少许盐后用凉开水调和，灌服100只病鸭，每天1剂，连用2天。③穿心莲500克，生甘草1500克，黄糖1000克，防风600克，绿豆1000克（1000只鸭、鹅1天用药量）。将所有药混合，加入适量水煎取汁，凉后让鸭、鹅自饮或灌服，药渣第二天与新药共煎，每天1剂，连用2天。④蓖麻油，每只鸡灌服25克。

十三、鸡 白 痢

鸡白痢是一种高发的急性、败血性细菌传染病，对养鸡业危害很大。雏鸡最易感染此病，发病率和死亡率高。成鸡染病多为慢性，症状不明显或无。

【病原及流行】　本病原为肠杆菌科、沙门氏菌属鸡白痢沙门氏菌，革兰氏染色阴性，兼性厌氧。此病菌室温下7年仍不失侵染力，土壤中可存活14个月，鸡舍内能存活2年；对热敏感，污染的鸡蛋放沸水中煮5分钟可将其杀死，生石灰、漂白粉、甲醛等消毒药可很快杀死。病菌存在于病鸡的肝、肺、血液和卵黄囊等中。病菌的自然宿主是鸡，火鸡、鸭、鹅、金丝雀和山鸡等也会感染。病鸡、带菌鸡是传染源，其排泄物和被污染的鸡舍、垫料、土壤、饮水、饲料、生产工具、带菌蛋、孵化设施等可传播病毒。感染途径是呼吸道、消化道、直接接触、眼结膜和带菌蛋等。3～5周龄雏鸡最易感染本病，成鸡感染多为隐性带菌或慢性病者。近年来育成鸡的发病在逐步增加。不洁的饮水、不良的环境、饲养密度过高、鸡舍通风不良和潮湿等会促进和加重本病的发生。本病一年四季都会发生。

【症状及病变】 本病可分为败血型、白痢型、慢性型和隐性型4种。雏鸡发病，病情重，多出现败血型和白痢型，死亡率30%～90%。成鸡发病，多不出现症状或症状不明显，呈隐性或慢性型。环境阴暗潮湿、粪污遍地、饲养密度过高及雏鸡抵抗力差时，会暴发败血型鸡白痢。不同年龄病鸡的症状如下：

1. 雏鸡 带菌蛋孵出的雏鸡多数出壳后1～3天内会死亡。出壳后感染的雏鸡3～5天开始发病并出现死亡，7～10日龄死亡最甚，2周后死亡逐渐下降。病雏鸡精神委顿，畏寒怕冷，羽毛松乱，不食或少食，喜拥挤扎堆，尖叫，排白色稀粪，肛门四周羽毛常黏附白色粪便，严重的肛门被封塞。有些病鸡无下痢症状，出现肺炎症状，呼吸困难，常伸颈张口呼吸。耐过的病鸡消瘦，腹部膨大，成为"僵鸡"。

2. 育成鸡 多为未治愈的雏鸡转化而来。病鸡精神不振，食欲差，有的下痢，不时出现死亡并持续20～30天。

3. 成鸡 成鸡感病，多无症状或症状不明显，成为带菌鸡。产蛋母鸡染病，产蛋量下降，受精和孵化率降低，严重的产蛋停止。

刚出壳即死和3～4日龄内死亡的雏鸡，病变不明显或肉眼难以发现。日龄稍长的病雏鸡肝脏肿大、充血、出血，有灰白色小病灶；肝、心、肺、肌胃、小肠和盲肠等表面有灰白色隆起坏死灶或结节；卵黄吸收不全，盲肠内有干酪样物。肝、脾肿大；胆囊增大；嗉囊无食物。育成病鸡表现心包炎；肝脏肿大，表面有小红点；心肌上有坏死灶；肠道出现卡他性炎症。成年母鸡卵巢萎缩，输卵管发炎，心包炎，卵子变性。成年公鸡表现心包炎，睾丸肿胀或萎缩，内有小脓肿或坏死灶。

【预 防】

1. 常规预防 ①每2个月对中、成鸡群进行1次血清检测，及时发现阳性带菌鸡。第一次检测在5～7日龄，第二次检测在16周龄。②病、健鸡和不同年龄的鸡要分开饲养。③鸡舍及四周环境要经常清扫。④鸡舍、地面、饮水器、笼具、生产工具等每隔5～6天消毒1次，发病时每隔1～2天消毒1次。⑤病死鸡不可乱弃，要及时焚烧或深埋。粪便、污水应及时集中密封发酵处理。⑥种蛋入孵前要严格消毒。孵化设备等不经消毒不可运行。

2. 西药预防 六茜素，按0.1%～0.3%混饮，连用5～6天。

3. 微生态制剂预防 ①出壳后的雏鸡每天服1次乳康生，每次0.05克，连用2天，以后每3天服1次。②每只鸡每天服促生菌0.25亿个，每天1次，连用5天。

4. 中草药预防 ①铁苋草2份，旱莲草1份。适量水煎取汁，凉后供鸡饮服，连用5～6天。②大蒜、洋葱各等份。切成细末状，混拌均匀，供鸡取食或拌饲，连用5～7天。③鲜乌韭200克。加适量水煎，取汁，凉后供100只鸡饮服，每天1剂，连用3天。④雏鸡每只每天喂鸡冠花1～2克，连用5～7天。⑤杨树内皮2.5千克。加水10升，煎至5升取汁，凉后备用。4 500只雏鸡从第8日龄开始，每天在饮水中加入此药液2升，以后每天增加药液200毫升，直加到每天用药液4升止。

【治 疗】

1. 西药治疗 ①链霉素，按0.15%～0.2%混饮，连用3～4天。②土霉素或金霉素，按0.2%混饲，连用7天。③壮观霉素，按0.05%混饮，重病鸡灌服，每只每次10毫升，每天3次，连用5天。④速解灵（头孢噻呋）针剂，1日龄雏鸡每只每次皮下注射0.1毫克，每天1次，连用2～3天。

2. 中草药治疗 ①白术、白头翁、茯苓各等份。共研成粉末，雏鸡每只每天0.1～0.3克，中鸡0.3～0.5克，拌料喂服连用10天。②黄连、乌梅、白芍、诃子、白头翁、龙胆草各等份。共研成粉末，雏鸡每只每天用药 0.05～0.1 克，拌料混饲连用 5～7 天。③白芍 10 克，白术 15 克，白头翁 5 克。共研成粉末，雏鸡每只每天用药 0.2 克，拌料混饲，连用 6～7 天。④甘草、蒲公英。两药分别研成粉末，以 3：10 混合，按 2% 混饲，喂出壳后雏鸡 18～21 天。⑤鲜马齿苋、大蒜切碎或捣成泥状，拌料混饲。雏鸡从开食起，每 100 只鸡每天用大蒜 30～35 克、马齿苋 250 克，分 6 次喂完；从 5 日龄起，增加到大蒜 55～60 克、马齿苋 700～1 000 克，以后随日龄增加相应加大用量，连用 6～10 天。⑥黄芪 250 克，甘草 50 克。加 3 升水煎汁，最后熬成 500 毫升药液，再在饮水中加入 1% 药液供雏鸡饮服。雏鸡开食前先饮此药液后再进食，此后每天饮服 1 次，连用 10 天，停药 7 天后再连用 5 天。⑦墨汁草、地锦草按 4：9 配比。将上述鲜草切成 5～6 厘米长，加适量清水煎 20 分钟，取汁，再加适量水煎，2 次煎汁混合，凉后供雏鸡饮用。一般 500 克鲜草煎汁 2～5 升。每天 1 剂，连用 5～7 天。⑧大蒜捣成泥，加凉开水 10 倍拌匀。雏鸡每只每次灌服 1 毫升，每天 4 次，连用 3～4 天。⑨白术 10 克，研成粉末，拌料混饲，每只 5 克，每天 2～3 次，连用 2～3 天。⑩苦参、石榴皮、炒白术各 150 克，甘草 50 克，干姜 100 克。共研成粉末，雏鸡每 100 千克饲料拌入 500 克饲喂，成鸡每 75 千克饲料拌入 500 克，连用 4～5 天。⑪去皮大蒜 20 克，捣烂后加食醋 100 毫升，浸泡 1.5～2 个月，用时加水 4 倍稀释，每只每次滴服 0.5～1 毫升，每天 3 次，连用 3～5 天。⑫干苦楝根皮 30 克，研成粉末，加入适量红糖，适量水煎汁 300 毫升，每只每次灌服 5 滴，连用 3～4 天；亦可与适量面粉拌揉，制成 100 粒小药丸，每只鸡早晚各喂 1～2 粒，连用 3～4 天。⑬铁苋菜 2 份，旱莲草 1 份。适量水煎汁，取汁凉后供鸡饮服，连用 5～6 天。⑭辣蓼草 20 克，加 400 毫升水，煎至 200 毫升，凉后拌料喂鸡，每天 1 剂，连用 3～5 天。⑮仙人掌适量，捣烂后直接喂鸡，或拌料喂服，每天 2 次，连用 3～4 天。⑯半边莲 3～4 克，加适量水煎，取汁拌饲喂鸡，连用 4～5 天。

十四、鸡传染性鼻炎

本病是鸡的一种急性呼吸道传染病，中、成鸡易感染，雏鸡即使带菌也不一定发病。此病发病率70%～100%，但死亡很少，对蛋鸡产蛋影响很大。

【病原及流行】　病原为鸡副嗜血杆菌，革兰氏染色阴性。本病菌在自然环境中能生存3～5小时，在病鸡体内可存活4～5个小时。普通消毒剂都可在短时内将其灭活。病菌存在于病鸡、带菌鸡及其鼻、眼分泌物、水肿组织、粪便等中。各年龄的鸡都会感染此病，尤以中、成鸡易感；雏鸡抗病力较强，多不会发病；其他家禽有时也会发病。病鸡、带菌鸡是传染源。感染途径是呼吸道和消化道。发病率70%～100%，死亡率一般5%左右；急性型死亡率较高，为5%～20%；产蛋鸡发病，产蛋量会下降15%～50%；幼鸡染病，生长发育缓慢；育成蛋鸡染病，开产会后延。本病主要发生于低温、寒冷的秋冬季。鸡舍阴暗潮湿、通风不良、饲养密度大、营养不足或不平衡、寄生虫感染等，会促发和加重此病。

【症状及病变】　鸡自然感染此病，潜伏期1～2天。轻病鸡多无全身症状，只有鼻中会流出清液样分泌物。重病鸡精神委顿，不食或少食，脸部水肿，喜卧不愿动，鼻中流出难闻的黏性分泌物，结膜发炎，眼睛肿胀、流泪，严重的失明；有的下痢、啰音，排出绿色粪便。蛋鸡发病，产蛋下降或停止。

病鸡鼻腔、眼窝下窦和气管黏膜有急性卡他性炎症，黏膜充血、肿胀、发红，鼻腔内有许多黏液和炎性渗出物；气管黏膜发炎、充血，有黏性液体物覆盖；发生肺炎和气囊炎；眼结膜充血、肿胀；面部和肉髯水肿；母鸡卵巢出现血肿卵泡或软卵泡，后引发腹膜炎。

本病的症状与禽痘、慢性鸡霍乱等相似，不易确诊。当出现疑似病鸡时，可将其鼻、口分泌物接种于雏鸡的鼻、口内，若接种后

1～2天内出现鼻炎症状，可初步诊断为此病。要确诊本病，可靠的方法是实验室分离、鉴定病原。

【预　防】

1. 常规预防　①每隔1～2天要打扫禽舍内及周围，清除粪便、污水、灰尘等并集中无害化处理。②饮水器、地面、生产工具等要常清洗。垫料每隔2～3天换1次。③鸡舍内外、用具等每隔6～7天消毒1次，发病时每天消毒1次。④雏鸡和中、成鸡应分开饲养。肉、蛋鸡也要分开饲养。⑤重病鸡要尽早淘汰。病死鸡要及时做深埋等无害化处理。⑥重视寄生虫病的防治。⑦秋冬季重视防寒保暖工作。

2. 免疫接种　①鸡传染性鼻炎和鸡新城疫二联灭活疫苗有较好效果，皮下注射，21日龄首免，免疫期3～5个月；120日龄二免，免疫期9个月。21～42日龄鸡注射0.25毫升，42日龄皮下注射0.5毫升，2周后产生免疫力。②鸡传染性鼻炎油乳剂灭活苗。蛋鸡40日龄肌内注射0.3毫升，产蛋前10～14天注射0.5毫升，能保护整个产蛋期。

【治　疗】

1. 西药治疗　①磺胺二甲基嘧啶，按0.2%混饲，连用3～5天。②链霉素，每只肌内注射100～200毫克，每天1次，连用3天。③土霉素，100千克饲料中拌入50～80克，连用5～7天。

2. 中草药治疗　①苍术、苍耳子、防风各15克，金银花10克，甘草、黄芩各8克，板蓝根6克，白芷25克。共研成粉末，成鸡每只每次1～1.5克，每天2次，拌料饲喂，连用2～3天。②生甘草、白矾各6克，酒知母、郁金、酒黄柏、沙参各9克，白芷、苍耳子、薄荷各7克，辛夷15克（100只鸡用药量）。每次加水1升煎汁，共煎2次，合并2次煎汁，凉后供鸡饮用或灌服，每天1剂，连用3天。③鱼腥草、蒲公英、苏叶各1份，桔梗0.5份。每只每次1～1.5克，适量水煎汁，取汁拌料喂服，每天2次，连用7天。④贯仲、苍术、陈皮各50克，松针、炙石决明、兔毛蒿、龙骨各

10 克。共研成粉末，按 3%～5% 拌料喂服，7～10 天为 1 个疗程，一般用 1～2 个疗程。⑤干丁香研成粉末，每只每次 1.5～3 克，水调后一次灌服，连用 7～10 天。⑥苍术研成粉末，按 2%～5% 拌料喂服，连用 7～10 天。

十五、鸡坏死性肠炎

本病是世界性的鸡急性传染病，我国许多鸡场也不时发生，以 2～5 周龄鸡发病最多，特别是肉雏鸡发病多而重，对养鸡业危害较大。

【病原及流行】 病原为魏氏梭菌，可分 A 型、C 型 2 种，能产生毒素。该病菌革兰氏染色阳性，能形成芽胞。存在于土壤、污水、粪便和病鸡体内的菌体，无论是高温、低温、冰冻等都可存活很长时间；芽胞高压灭菌 20 分钟才可杀死；其毒素 70℃ 40～60 分钟可破坏，漂白粉、生石灰等消毒剂可将其灭活。污水、粪便、土壤、垫料、污染的饲料、病禽肠道和其他易感动物体内等都有该病菌的存在。病鸡、带菌鸡是传染源。消化道、伤口等是感染途径。球虫等是传播媒介。饲喂变质的饲料、鸡舍阴湿和通风不良等，会促发和加重本病。2～5 周龄的鸡易感染本病，特别是肉鸡更甚；5 周龄以上的蛋鸡也会发病，但发病率较低。散养及其他平养鸡发病比笼养鸡多。发病率 10%～40%，死亡率 5%～20%。本病一年四季都会发生，但以秋、冬、春低温和阴雨潮湿季节发病多而重。

【症状及病变】 病鸡精神不振，食欲下降或不食，腹泻，喜睡，羽毛松乱；排黑色或灰黑色稀粪，有的粪便中混有肠黏膜和血液。有的病鸡双翅和双足麻痹，行走不稳，颤抖，双翅拍地；有的瘫痪不起。慢性病鸡症状不明显或肉眼难辨，发育不良，消瘦，肛门四周羽毛粘有粪污。

病鸡空肠、回肠和部分盲肠病变明显；肠壁脆化，肠腔充气扩大；肠黏膜出血、脱落，附有黄褐色伪膜；肠壁上有弥漫性大小不一的出血点和坏死灶。肠内容物白色、灰白色或黄色，内混有黑色血凝块。肺、脾肿大、出血，肝表面有灰黄色病死灶；心肌上有细沙大小的黄白色小结节。慢性病鸡肠黏膜上有大小不一的土黄色伪膜和溃疡。

【预　防】

1. 常规预防　①鸡舍内每隔 1～2 天要清扫 1 次，粪便、污水、灰尘、粪水等集中无害化处理。②冬、春、秋季勤换干燥垫料。③严禁饲喂变质、霉变饲料。④鸡舍内外平时每隔 5～7 天消毒 1 次，发病时每天消毒 1 次。⑤重视球虫等寄生虫病的防治。⑥病鸡应隔离饲养。病死鸡应及时做深埋等无害化处理。

2. 西药预防　①丁胺卡那霉素，每 7.5 升饮水中添加 1 克供鸡饮用，每天 2 次，连用 3 天。②杆菌肽，每天每只 130 单位，混饲，连用 3～5 天。③易发病的季节，在饮水中加入 50% 葡萄糖和维生素 C 等供鸡饮用，可提高抗病力。

【治　疗】

1. 西药治疗　①羟氨苄青霉素，每 100 升饮水中添加 15 克，供 2 周龄鸡饮服，每天 2 次，每次 2～3 个小时，连用 3～5 天。②庆大霉素，每千克体重肌内注射 1.5 万单位，每天早晚各 1 次，连用 4～5 天。③青霉素，每只每次 200 单位，混饮，每天 2 次，连用 4 天。④杆菌肽，每只每天 200 单位，混饮或灌服，连用 3～5 天。⑤肠宁，250 升饮水中添加 100 克供鸡饮用，每天 2 次，连用 3～5 天。⑥阿莫西林，800 千克饲料中拌入 100 克喂鸡，连用 5 天。

2. 中草药治疗　在饲料中拌入妙效长安（主要成分为青蒿、白头翁、地榆等），剂量按说明书要求，连用 3～5 天。

十六、鸡弧菌性肝炎

鸡弧菌性肝炎主要危害肉鸡、蛋鸡等青年和成年鸡，常混合感染大肠杆菌、沙门氏菌等，加重病情和治疗难度，大大提高死亡率，应引起重视。

【病原及流行】 病原为空肠弯曲杆菌，革兰氏染色阴性，是一种螺旋状弯曲的杆菌。它是一种微氧菌，有60个血清型，较常见的动物源菌株有13个血清型，人源菌株有10个血清型。本病菌高温、干燥、日光等都可灭活。甲醛、来苏儿等常用消毒剂能在几分钟或十几分钟将它杀死。本病菌分布于畜禽等动物的肠道、粪便、土壤、水体等中。家禽带菌率比其他动物高，一般为50%～90%，人亦能带菌。病鸡、带菌鸡是传染源。苍蝇、蟑螂、鼠类等是传播媒介。消化道是主要的感染途径。雏鸡极少发病，10～40周龄蛋鸡、种鸡、肉鸡易发病。即将开产的母鸡和已产蛋几个月的成鸡最易发病。鸡是本病原的主要自然宿主。鸡舍不洁、阴湿、通风不良和饲养密度过大等会促发本病。

【症状及病变】 雏鸡发病主要为急性，但极少发病。病雏鸡精神委顿，鸡冠苍白，喜伏卧，腿软并难以站立，排黄色稀粪，肛门四周羽毛沾有粪污，病重者几天内死亡。青年病鸡精神不振，腹泻，消瘦，鸡冠干燥、萎缩、有皮屑，开产延迟，产蛋量明显下降，产出白壳、沙壳或薄壳蛋。肉鸡发病，生长发育不良，饲料利用率低。成鸡发病多数症状不明显，表现精神不佳，食欲下降，腹泻，消化不良，消瘦，鸡冠发白、干燥、萎缩，产蛋停止或下降，严重的产蛋量下降10%～20%，个别鸡肝脏破裂，突然死亡。

突然死亡的产蛋鸡，鸡冠突然变苍白；肝脏破裂、出血，肝表面有黑色坏死点。产蛋病鸡肝肿大，表面紫红色或间有黄白色条片区；严重的肝脏土黄色或黑紫色；肝变性、脆化、坏死。青年病鸡肝脏大小、形状、色泽无明显变化，肝脏整体偏小，表面有极小灰白色菜花样坏死灶；边缘极薄，似刀刃样。有的病鸡腹腔积液，心包炎，心肌苍白；肾肿胀、苍白；卵巢变性，个别鸡卵泡破裂，引发卵黄性腹膜炎。

本病病变不是所有病鸡都会出现或不明显，确诊需从肝脏、盲肠等分离出病原镜检。

【预　防】　①鸡不可与其他畜禽混养。②不同日龄的鸡要分开饲养。③鸡舍内外每隔1～2天打扫1次，粪便、污水、垫料等集中无害化处理。④重视消毒。鸡舍内外每隔6～7天消毒1次，发病时每天消毒1次。⑤病鸡隔离饲养。重病鸡果断淘汰。病死鸡深埋或焚烧。⑥做好平时的灭蝇、灭鼠工作。⑦阴雨天鸡舍要防潮湿，勤换垫料，加强通风。

【治　疗】

1. 西药治疗　①土霉素，按0.02%～0.05%混饲，连用3～5天，后剂量减半再用7天。②链霉素，每次肌内注射50～100毫克，每天2次，连用3天。③金霉素，每千克饲料中拌入400～600毫克，连用3～5天。④红霉素，按0.01%～0.03%混饲，或按0.005%～0.02%混饮，连用5～7天。⑤饲料中拌入0.1%～0.2%环丙沙星或恩诺沙星，连用3～5天。⑥强力霉素，1000千克饲料中拌入200克喂鸡，连用5天。

2. 中草药治疗　当归、枸杞子、熟地、白菊花各25克，青葙子、黄芩、草决明、柴胡、茺蔚子各50克。加适量水煎，取汁拌1天料喂100只鸡，每天1剂，连用12天。

十七、鸡绿脓杆菌病

本病主要发生于2月龄以下鸡，是由绿脓杆菌引起的一种败血性传染病。本病来势凶猛，病程短，致死率高，是养鸡业的重要威胁。

【病原及流行】　病原为绿脓杆菌属假单胞杆菌。此病菌革兰氏染色阴性，专性好氧，生长时会产生水溶性绿色绿脓素和荧光素。此病菌广泛存在于自然界的土壤、水和空气中，在阴湿的环境中可存活2～3周，干燥条件下2～3天死亡，55℃1小时可将其灭活。病鸡的呼吸道、消化道、皮肤等存有该病菌。病鸡、带菌鸡是传染源。感染途径是消化道、伤口和种蛋等。鸡、鸭、火鸡、鹌鹑等会感染此病。鸡，特别是幼鸡和青年鸡最易感，发病和死亡率5%～20%，严重的达80%。本病一年四季都会发生。鸡舍通风不良、阴冷潮湿、卫生不佳、饲养密度过大、应激等，会促发和加重本病的发生。

【症状及病变】　最急性病鸡多是因注射疫苗等伤口感染，发病急，来势猛，不见任何症状突然死亡。急性病鸡精神不振，少食或不食，喜伏卧睡，体温升高，羽毛松乱；眼睑、面部和肉髯水肿；胸腹部水肿、膨大、青绿色；排白色或黄绿色稀粪；呼吸困难，抽搐，严重的衰竭而死。有的病鸡眼睑肿胀，眼结膜充血、出血，有眼眵，眼睛、口角、鼻孔四周出现化脓性溃疡和结痂，重症者单目或双目失明。

病鸡皮肤、胸肌和大腿两侧肌肉有散在性出血点，口腔有较多黏液；头、颈部皮下有淡黄色或黄绿色胶冻样渗出物；喉口处有黄豆大小的黄绿色干酪样物，影响呼吸；气管充血；肺充血或出血，呈紫红色或大理石样变，有的有化脓性病灶；胸腔和腹腔内有灰白色小点；肝稍肿大，质脆，深红或土黄色，表面有灰白色小点；胆囊肿大；十二指肠充血、出血，肠道有卡他性出血炎症。病鸡冠紫色，鸡冠、口角、眼睑、鼻孔及趾上有化脓性溃疡和结痂，如剥离痂皮，会带出绿色脓球样物；肌胃黏膜充血、出血。

【预　防】　①不要从疫区引入种禽、种蛋。成禽和雏禽要分开饲养。②禽舍内和周围及用具等每隔1～2天要打扫或清洗1次。③禽舍内及四周应定期灭蚊蝇、灭鼠。④禽舍内外和水禽的生活水体每隔5～7天要消毒1次，发病时每天消毒1次。⑤病、健禽要分开饲养。重病禽要果断淘汰。病死禽应深埋或焚烧。⑥粪便、污水等要集中密封发酵处理，绝不可堆放于禽舍旁。⑦禽舍垫料要常更换。冬天防寒，春天防潮，夏天防暑。舍内经常通风换气。饲养密度要适中。⑧实现全进全出制。⑨严防鸡群打斗和预防接种等产生伤口，造成感染。

【治　疗】　饮水中加入 0.005% 环丙沙星或恩诺沙星供鸡饮服，连用 3～5 天。也可每升饮水中加入 4 万～8 万单位庆大霉素供鸡饮服，连用 3～4 天。

十八、鸭鹅传染性浆膜炎

本病近些年在我国发病增多，是鸭、鹅，特别是肉鸭、肉鹅的较严重传染病。

【病原及流行】　病原为鸭疫巴氏杆菌，是两端椭圆的小杆菌。其血清型有 20 余个，之间无交叉免疫性。病鸭、鹅和带菌病鸭、鹅是主要传染源。呼吸道、消化道、伤口等是主要的感染途径。雏鸭、雏鹅最易感，2～3 周龄鸭、鹅感染率最高，其次是 4～10 周龄的鸭、鹅。雏鸭如自然感染发病，发病率为 15%～40%，高的达 90%；病死率一般为 5%～30%，高的达 60%～80%。成鸭、鹅感染，多不会发病，成为带菌者。番鸭、北京鸭等病情往往较重，发病率和死亡率较高。本病一年四季都会发生，但以冬春季发病多而重。舍内不洁、粪水未及时清理、阴凉潮湿、通风不良，饲养密度大等，都会促发和加重本病。

【症状及病变】　本病根据临床表现，可分为如下 3 型。

1. 最急型　病鸭、鹅无可见症状或不明显，突然伏地死亡。

2. 急性型　病鸭、鹅精神委顿，食欲不振或不食，喜瞌睡，两肢无力疲软，行走不稳，缩颈；排绿色或黄色稀粪；眼睛分泌出黏液物；濒死者不时摇头，有的角弓反张，全身痉挛，不久死去。本型病程多为 1～3 天。

3. 慢性型　4～7 周龄病鸭、鹅多出现此型。病鸭、鹅食欲不佳，吃食少，精神欠佳，不喜行动，常卧伏，运动严重失调，摇头，呼吸困难，头颈歪斜，鸣叫，转圈。

剖检可见急性型心包积液，心包膜附有纤维素性渗出物；慢性型心包内有纤维素块，心包膜与心外膜粘连；肝脏土黄色或红褐色，表面有一层白色或灰黄色膜，肝质脆化；脾脏肿大，表面覆有纤维膜样物；法氏囊变小，黏膜上皮脱落；有的出现脑膜炎、关节炎和输卵管炎等。

【预　防】

1. 常规预防　①鸭、鹅舍每隔1～2天打扫1次，将粪便、污水等集中及时无害化处理。②舍内外及饮水器、生产工具等每隔5～7天应彻底消毒1次，发病时每天消毒1次。③勤换垫料，做好防暑降温、防寒保暖和通风工作。④雏鸭、鹅与成鸭、鹅分开饲养。⑤饲养密度应适中，不可高密度饲养。⑥供给全价料。重视维生素和微量元素的平衡、适量供给。⑦病鸭、鹅应隔离饲养。重病者要果断淘汰。

2. 免疫接种　①7～10日龄鸭、鹅首免可皮下或肌内注射鸭（鹅）传染性浆膜炎、雏鸭（雏鹅）大肠杆菌多价油乳剂灭活菌苗，10～15天后二免。②雏鸭7～10日龄每只皮下注射鸭传染性浆膜炎油乳剂灭活菌苗0.5毫升，成鸭每只皮下注射0.5毫升。

3. 西药预防　100千克饲料中混拌入氟甲砜霉素3克和维生素B_1、维生素B_2粉各100克饲喂雏鸭、鹅，连用7～8天。

【治　疗】

1. 西药治疗　①百炎净，200～300千克饲料中拌入1袋喂病鸭，连用4～5天。②好得快，每500升饮水中添加1袋，供200～250只鸭或150鹅饮用，每天1次，连用3～5天。③盐酸二氟沙星，每10千克饲料中拌入1克喂病鹅，每天1次，连用3天。④病鹅每千克体重皮下注射硫酸卡那霉素2.5万～3万单位，每天1次，连用3天。⑤每100千克饲料中拌入鸭疫一服灵250克或鸭疫治125克，连用4～5天。

2. 中草药治疗　①蒲公英、黄连、白头翁各30克，白芍、青木香、鱼腥草、茯苓各20克，车前子、地榆炭各15克（100只鸭1天用药量）。加适量水煎取汁，凉后混饲或灌服，每天2次，连用4天。②丹参、黄柏、茵陈、苦参各500克，黄芩、鱼腥草各800

克，大青叶1000克（1000只25日龄番鸭1天用药量）。加适量水煎取汁，凉后供番鸭饮服，连用3天。③黄芩、甘草、金银花、黄柏各100克，大青叶、板蓝根、蒲公英各200克，石膏、藿香各50克（35～40只鹅1天用药量）。加适量水煎2次，取汁，将2次煎汁混合再煎成3～5升药液，凉后供鹅群饮用，每天3～5次，连用2天。

十九、母鹅蛋子瘟

母鹅蛋子瘟是由大肠杆菌引起的严重传染病，主要发生在产蛋期间，若防控不到位死亡率达50%～80%，甚至100%，对养殖威胁很大，应引起高度重视。

【病原及流行】 病原为致病性大肠杆菌，主要血清型有O_2K_{89}、O_2K_1、O_7K_1、O_{39}等。土壤、垫料、池水、禽舍等都有该菌的分布。病鹅（鸭）是传染源。其粪便含有病菌，污染饲料、饮水、池塘、用具、场地、种蛋等传播途径是消化道和呼吸道。母鹅主要是由带菌的公鹅在水体中与其交配而感染。母鹅产蛋期，特别是产蛋高峰期和秋、冬、春寒冷季节最易感染发病。公鹅一年四季都会染病。母鹅产蛋一结束，本病就停止流行。母鹅营养不良、缺乏维生素和矿物质、饲养密度过大、鹅舍卫生差和通风不良等都会促发此病。

【症状及病变】 病程为2～6天。多于母鹅产蛋后不久发病。病鹅精神委顿，食欲不振，不喜运动，下水后也不愿游动，离群，肛门四周羽毛常沾有发臭的排泄物；排泄物中混有黏性蛋白样物、凝固的蛋白和卵黄小凝块。病初，一些母鹅产软壳蛋或薄壳蛋，产蛋量逐渐减少；随着病情加重，产蛋停止，废食，脱水，消瘦，如不及时治疗，多数母鹅会衰竭而死。少数病母鹅可康复，但不会再产蛋，应尽快淘汰。剖检病母鹅，可见腹腔内充满腥臭的淡黄色液体，有的混有淡黄色卵黄小块；腹腔内器官表面覆盖一层淡黄色、凝固的纤维素性渗出物，肠系膜发炎，肠环间发生粘连；肠浆膜有针头大小的出血点；卵子变形、变性；积留在腹腔中的卵黄凝固成块状，切面呈层状；输卵管黏膜发炎，有出血点和淡黄色纤维性渗出物。发病公鹅阴茎肿大，表面有芝麻至黄豆大的小结节，里面有黄色脓性渗出物；重病者阴茎脱垂体外，表面有灰黑色坏死物。

【预　防】

1. 常规预防　①鹅舍及四周每隔 2～3 天打扫 1 次，垫料每隔 2～3 天更换 1 次。②池水每隔 10～15 天消毒 1 次。③鹅舍和四周、用具等每隔 5～6 天消毒 1 次。④病鹅产的蛋不可用作种蛋。⑤可疑种蛋入孵前用清水洗净，消毒晾干后备用。⑥逐只检查公鹅，凡外生殖器上有病变的一律淘汰。⑦适当降低饲养密度，改善鹅舍的通风条件。冬春做好防寒保暖工作。

2. 免疫接种　①母鹅于产蛋前 15 天肌内注射鹅蛋子瘟灭活菌苗 1～1.5 毫升，保护期可达 2.5～3 个月。②公鹅皮下或肌内注射从发病群分离、制得的大肠杆菌甲醛灭活菌苗 0.6～1 毫升，保护期可达 3 个月。

【治　疗】

1. 西药治疗　①诺氟沙星，按 0.01% 混饲，连用 3 天。②卡那霉素，每千克体重肌内注射 10 毫克，每天 1 次，连用 3～5 天。

2. 中草药治疗　黄柏、黄连、大黄各 100 克，适量水煎取汁，稀释 10 倍后供 500 只鹅自饮，每天 1 剂，连用 3 天。

二十、小鹅流行性感冒

本病是由鹅败血嗜血杆菌引起的一种小鹅急性渗出性传染病，简称小鹅流感。有些养殖户对本病危害性认识不足，常造成惨重损失。

【病原及流行】　病原是鹅败血嗜血杆菌，主要感染鹅，鸡、鸭、鸽等一般不会感染。该病菌 56℃ 5～10 分钟可灭活，生石灰、漂白粉、来苏儿等常用消毒剂可在 20～30 分钟内杀死。病鹅、带菌鹅是传染源。感染途径是消化道和呼吸道。冬春季是发病最多、最重的季节。各种年龄的鹅都会感染，特别是 15 日龄左右的雏鹅发病多而重，且传染快，病情急，死亡率 20%～30%，严重的达 95% 以上；成鹅感染少，且多不发病，成为带菌者。鹅舍不洁、阴湿寒冷、通风不良、饲养密度过大等会促发和加重病情。

【症状及病变】 本病潜伏期 10～24 小时。病雏鹅精神委顿，废食，体温升高，怕寒怕冷，缩颈，喜蹲伏，离群，羽毛松乱潮湿，流泪，呼吸困难，鼻腔中流出浆液性分泌物，摇头或甩头，行走不稳。有的病鹅足麻痹或半麻痹、颤抖，有时因站立不稳翻倒而双足朝天乱划；重病者排黄白色或灰白色稀粪，几小时即死亡。

病雏鹅气管、喉头肿胀、充血；鼻腔、气管内有黏液性或浆性分泌物；鼻黏膜、眼结膜充血；皮下肌肉有的出血；心脏内、外膜出血或淤血，心肌有灰白色坏死灶；肝、脾、肾肿大或淤血；肠黏膜充血、出血，有出血性溃疡；泄殖腔水肿；卵巢、卵泡充血，有斑点状坏死灶；头部肿大者，头部和下颌皮下水肿，有胶冻样物。

本病仅发生于鹅，而禽霍乱可发生于大部分禽类。小鹅瘟主要发生于出壳后至 10 日龄内的雏鹅，成鹅不会发病；本病主要发生于 15 日龄左右的小鹅，成鹅也有少数发病。

【预　防】

1. 常规预防　①发现病鹅要紧急隔离并全场消毒。②鹅舍内外每隔 2～3 天彻底清扫 1 次，清除粪便、污泥、粪水等。③鹅舍内外每隔 6～7 天消毒 1 次，发病时每天消毒 1 次。④病死鹅要尽快深埋或焚烧。⑤鹅舍要勤换干燥垫料。冬春季高度重视防寒保温工作。雨季要防湿、防潮。饲养密度要适当，严禁高密度饲养。鹅舍温度的大幅变化会加重发病。

2. 免疫接种　雏鹅皮下注射 0.5 毫升（成鹅 1～1.5 毫升）嗜血杆菌灭活菌苗，连用 3 次，每次间隔 5 天，也可口服，首服 1.5 毫升，5 天后再服 0.5 毫升。

【治　疗】

1. 西药治疗　①青霉素 5 万单位/次或链霉素 6 万单位/次，

肌内注射，每天2次，连用3天。②磺胺嘧啶，第一天灌服0.25克，以后每天灌服0.125克，连用4天。③恩诺沙星，按0.05%混饮，连用4天。④30%安乃近针剂，肌内注射，每次1毫升，每天2次，连用3天。⑤复方新诺明，每千克体重口服70～120毫克，每天1次，连用3天。⑥百毒杀，300升饮水中加入250毫升供鹅饮用，连用3～4天。⑦鹅呼畅，100千克饲料中拌入100克喂鹅，连用3～4天。

2. 中草药治疗 ①蒜头适量，捣烂成泥状，加入适量糖水调和，灌服，每天1～2次，连用3～4天。②车前草、红糖各500克（250只雏鹅用药量），加入7升水煎汁，取汁拌料喂服，每天2次，每天1剂，连用2天。③柴胡、薄荷各10克，桔梗、紫苏各5克，甘草、麻黄各2.5克，加适量水煎，取汁150～200毫升，灌服，每次4～5毫升，每天2次，连用2天。④桂枝、麻黄、紫苏各25克，金银花、陈皮、荆芥、薄荷、苍术、木通各35克（50只雏鹅用药量）。加适量水煎，取汁，凉后分2～3次灌服，每天1剂，连用2～3天。⑤鲜桉树叶、蒲公英各25克，鱼腥草20克（50只雏鹅用药量），加适量水煎，取汁拌料喂服，每天1剂，连用2～3天。⑥麻黄、防风、桂枝各25克，杏仁30克，陈姜35克（50只雏鹅用药量）。加水3升煎汁，取汁拌料喂服，每天1剂，连用3天。

第四章

真菌性疾病

一、曲霉菌病

本病是家禽的一种多发的真菌疾病。鸡、鸭、鹅、火鸡、鸽等都易感染此病，雏、幼禽最易感染，常呈群体性急性暴发，病死率60%～70%；成禽主要为散发，发病率和死亡率低，为慢性经过。

【病原及流行】 病原属曲霉菌属，有黄曲霉菌、烟曲霉菌、灰绿曲霉菌、黑曲霉菌、土曲霉菌、白曲霉菌等多种，其中烟曲霉菌和黄曲霉菌致病性最强。该病原菌丝和孢子存在于厩肥、潮湿秸秆、垫料、土壤表面、禽舍、地面、空气、生产工具、霉变饲料中。病原产生的毒素对家禽也有较强毒性。其孢子对不良环境条件有较强抵抗力，低温下可存活很长时间，120℃需1小时、煮沸需5分钟使之灭活，常用的一些消毒剂要1～3小时才可将其杀死。消化道、呼吸道是主要感染途径。所有家禽都会感染本病，2周龄以下雏禽最易感，多急发、暴发，病死率60%～70%。成禽采食了霉变食物或饲料，也会感染发病，表现为慢性经过，死亡率很低。家禽采食了霉变稻草、麦秸、稻谷、垫草、饲料等，病菌菌丝和孢子就会经呼吸道、消化道进入体内，引起发病。蛋表面、孵化室和育雏室内的病原孢子会侵染种蛋胚胎和雏禽，引起发病。禽舍潮湿、阴暗、通风不良和饲养密度大、使用潮湿或久贮变质的秸秆作垫料等，会促发和加重本病。春夏季是本病多发的季节。南方鸭、鹅发病多，北方鸡发病尤甚。

【症状及病变】 病雏鸡精神委顿，不食或少食，翅松垂，羽毛松乱，消瘦、贫血、嗜睡、下痢，体温升高，冠和肉髯紫红色。霉菌如侵入呼吸道，会表现气喘，头颈伸直，呼吸困难，张口呼吸，摇头，打喷嚏，发出"呼哧"声。眼睛感染，眼睑肿胀，结膜炎，一侧眼瞬膜产生一豆粒大小绿色隆起物，用力挤压有黄色干酪样物流出。脑受侵害，运动失调，行走摇晃，扭颈，全身颤抖，转圈，角弓反张，双脚麻痹。急性病禽 2～3 天死亡。

中、成鸡多为慢性发病，生长发育不良，下痢、消瘦、贫血，反应迟钝，产蛋停止或下降，病程几天或几个月，重病者会衰竭死亡。

鹅发病，精神不振，羽毛松乱，食欲下降，气喘，角弓反张，行走不稳，重病者瘦弱死亡。

鸭发病，精神委顿，食欲下降或不食，翅松垂，缩颈，不愿下水运动，呆滞；有的气喘，咳嗽，排黄绿色稀粪，失明，行走不稳，跛行。

病禽肺脏有淡黄或灰白色、大小不一的霉菌结节，内有干酪样物；气囊增厚、混浊，内有大小不一的霉菌结节，或有隆起肥厚、中心下凹、圆形墨绿色或褐色的霉菌斑，挑动时可见粉状飞起物；气管、支气管黏膜充血、水肿，有灰色渗出物。

诊断此病快而准的方法是取病禽肺和气囊上的结节，涂片后镜检，如发现有曲霉菌的菌丝和孢子，即可确诊。

【预 防】 ①不用霉变饲料和垫料。清除禽舍内外的潮湿秸秆等并集中烧毁。②垫料要用新鲜、干燥、无霉变的稻草、麦秆等。③禽舍内外 2～3 天清扫 1 次，同时冲洗干净饮水器、料槽等。④病、健禽和不同日龄禽要分开饲养。病死禽要深埋或焚烧。重病禽要淘汰。⑤禽舍内外每隔 6～7 天消毒 1 次。种蛋和孵化设备入孵前要消毒。

【治 疗】

1. 西药治疗 ①制霉菌素，每千克饲料中拌入 1000 单位，连用5天。② 0.05% 硫酸铜溶液，连饮5天。③克霉唑，100只雏禽用1克拌日粮，连用5～7天。④大蒜素，每千克饲料拌入1千克，连用5～7天。⑤霉脱净，每1000千克饲料拌入1千克，连用5～7天。⑥ 2% 金霉素溶液，肌内注射雏鸡每只每次2毫升，每天3次，连用3天。⑦碘化钾，每升饮水中加入5～10克，连用3～5天。⑧制霉菌素，口服，雏鸭、鹅每只每次6 000～8 000单位，成鸭、鹅每千克体重3万～4万单位，每天2次，连用3～5天。

2. 中草药治疗 ①黄芩、苦参、葶苈子、桔梗各90克，蒲公英180克，鱼腥草300克（200只雏鸡1天用药量）。共研成粉末，拌料喂服，每天分3次，连用3天。②连翘、金银花、莱菔子（炒）各30克，甘草、桑白皮、枇杷叶各12克，丹皮、黄芩各15克，柴胡18克（500只鸡1天用药量）。适量水煎，取汁1升，每天分4次拌料喂服，每天1剂，连用4天。③山海螺、蒲公英各30克，鱼腥草60克，桔梗、筋骨草各15克。适量水煎，取汁，供100只10～20日龄雏鸡或30只雏鹅饮服，每天1剂，连用14天。④鱼腥草、肺形草各48克，桔梗、蒲公英各15克，筋骨草9克（100只10～20日龄雏鸡、鸭、鹅1天用药量）。适量水煎，取汁凉后代替饮水供禽饮用，每天1剂，连用6～7天。⑤枇杷叶、灯芯草、薄荷叶、车前草、金银花、鱼腥草各120克，甘草60克，明矾30克。加适量水煎，取汁凉后供150～200只鸭饮服，每天1剂，连用6～7天。⑥饲料中拌入大蒜泥或切成的细屑，每只每次5克，每天2次，连用2～3天。⑦甘草6克，蒲公英20克，筋骨草、苦参、黄芩、桔梗、葶苈子各10克，鱼腥草30克。加适量水煎2次，合并2次煎汁，凉后供60～65只15日龄鹅饮服，每天1剂，连用3天。

二、衣原体病

此病是禽类的急性或慢性传染病，鹦鹉最易感，俗称鹦鹉热。家禽中以火鸡和鸭最易感，近些年鸡的发病在增加，人也会感染，是一种人兽共患病。

【病原及流行】　病原为鹦鹉热衣原体，是一种介于病毒和立克次氏体之间的微生物。它在干燥粪便中可存活几个月，4℃时能保持感染性50天，22℃时12天会失去感染能力，56℃5分钟、37℃48小时会失去感染力，过氧化氢、酒精、碘酊等常用消毒剂几分钟可使之灭活。鸡、鸭、鹅等家禽和鹦鹉等野鸟都会感染此病，雏禽最易感。病禽、带菌禽、野鸟是传染源。呼吸道、消化道、伤口、眼结膜是主要感染途径。蚊、寄生虫是传播媒介。本病一年四季都会发生，但以春、秋、冬季发病多而重。阴冷潮湿、营养不良、应激和禽舍通风不良等会促进和加重发病。

【症状及病变】　成鸡对本病有较强抵抗力，即使感染也多不会发病，或症状也不明显或无。雏、幼鸡发病较少，多不会流行，死亡率低。鸭、鹅易感染本病，特别是雏、幼鸭鹅。发病雏、幼鸭精神委顿，不食，体温升高，消瘦，颤抖，跛行，痉挛，眼和鼻孔排出浆液性或脓性分泌物，排出绿色水样稀粪，发病率10%～90%，死亡率2%～40%。火鸡发病，精神委顿，废食，呼吸困难，体温升高，排出黄绿色胶冻样粪便；重病的母火鸡，产蛋下降或停止，病死率4%～30%。鹅发病后的症状与鸭大致相同。

病鸭、鹅全身性浆膜炎，胸肌萎缩，胸腔、腹腔、心包腔内有浆液性或纤维素性渗出物；肝、脾充血、肿大，肝周炎，个别的有灰色或黄色小坏死灶，肝脏表面有一层薄的灰色或黄色纤维素性膜。病火鸡肝肿大，绿色，纤维性肝周炎；心外膜变厚、充血，表面盖有一薄层纤维素性渗出物；脾肿大、充血，有灰白色坏死灶；气囊炎，支气管炎，肺炎，肺脏淤血；腹腔浆膜和肠系膜充血，表面被覆一薄层纤维素性似泡沫样白色渗出物。

此病的症状和病变与火鸡等的巴氏杆菌病相似，确切诊断要通过实验室病原分离鉴定。

【预防】　①不同种类家禽要分开饲养。家禽也不可与猪、牛等家畜混养。②养禽场内及周边不要养观赏鸟等。养禽人员不要与观赏鸟接触。养观赏鸟的人员要禁止进入养禽场。③野鸟多的地方最好不要建养禽场。④病禽和疑似病禽应隔离饲养。重病禽或病死禽要深埋或焚烧。⑤禽舍内外每隔 2～3 天要打扫 1 次，清除粪便、污水、垫料等。每隔 6～7 天要消毒 1 次，发病时每天消毒 1～2 次。⑥重视防治蚊、蝇、寄生虫和鼠害。⑦禽场应禁止闲人进入。确需进入禽舍的人员进出均要消毒。⑧禽场工作人员平时要注意自身的防护与消毒。发生此病时，要穿防护服，不要用手直接接触病禽，事后全身消毒。⑨高温多雨时要重视禽舍防潮、通风、降湿和降温等工作。应供禽营养全面、平衡的饲料。禁止高密度养殖。⑩饮水器、料槽、生产工具要常清洗、消毒。⑪ 病禽和疑似病禽产的蛋不可作种用。

【治　疗】①金霉素，100 千克饲料拌入 20～30 克，连用 7～14 天。②红霉素，100 千克饲料拌入 7～10 克或每升饮水中加入 0.1～0.2 克，连用 7～14 天。③强力霉素，口服，每千克体重 10～25 毫克，每天 2 次，连用 30～45 天。

三、鹅 口 疮

本病又称家禽念珠菌病，在家禽中普遍存在，但不被重视，一是因为其一般不直接造成大量死亡，养殖户对其引起的呼吸道疾病和免疫抑制等并发其他疾病的严重性认识不足；二是因为漏诊或误诊。其症状不很典型，受感染的家禽除雏禽死亡率高外，成禽主要表现生长不良、发育受阻、精神不振、羽毛松乱；当念珠菌为继发感染时，病情严重，其症状往往被其他疾病所掩盖。典型的病变极少见，肉眼可见的明显病变多限于食道和嗉囊，容易被忽视。

【病原及流行】白色念珠菌菌体小，椭圆形，能够形成假菌丝，革兰氏染色阳性。病菌主要存在于病禽的嗉囊、食道、腺胃、胆囊、肠内及粪便中，主要通过消化道传染。

白色念珠菌是一种内源性的条件性真菌，是动物正常消化系统的常住微生物体系的组成部分，当条件骤变菌群失调或宿主的抵抗力较弱时，就会发生本病，而非因接触外界病原感染发病。当免疫抑制出现时，雏禽和衰老禽易出现并发症。长期或不合理使用抗生素，破坏机体的微生物生态环境，是导致该病发生的最常见原因。禽类特别易感染口腔和嗉囊念珠菌病。

白色念珠菌分布于各种动物和人的消化道黏膜中。主要通过被粪便污染的饲料和饮水经消化道传染。各类禽类均易感，以鸡、鸽最敏感，雏禽的易感性、发病率和致死率均较成年禽高；4周龄内感染的，死亡率高达50%，3月龄以上的家禽，多数可康复。2周龄至2月龄的幼鸽最易感；刚离开母鸽的童鸽感染后病情最严重；成鸽症状不明显，成为隐性带菌鸽。

【症状及病变】　家禽患病后生长不良，精神委顿和羽毛松乱，病禽采食量降低，饮水量显著增加，饲料消化不良，排略带绿色水样稀便，出现呼吸道症状，打呼噜或呼吸困难，气喘。产蛋鸡脱羽和发生浅表性皮炎。全身性感染鸡生长发育严重受阻，神经紊乱。

特征性病变是上消化道的口腔、咽喉、食道、嗉囊等处的黏膜形成黄白色假膜或溃疡，其中嗉囊或食道膨大部最明显，黏膜增厚，有白色圆形隆起的溃疡灶，黏膜表面的假膜呈斑块状，易剥离。有的病例眼睑、嘴角有痂皮样病变。腺胃受侵害，可见黏膜肿胀，表面附有脱落的上皮细胞、腺体分泌物和念珠菌混合成的白色黏液。肌胃角质膜受腐蚀、糜烂。肝脏表面变红色，出现胰腺炎。肾脏变红、肿胀，有尿酸盐。表皮发炎。法氏囊、胸腺、脾脏、骨髓等免疫器官萎缩。

消化道黏膜若出现特征性病变（假膜与溃疡），一般可作出初步诊断。确诊需做真菌分离培养，因健康禽的上消化道可能有少量白色念珠菌，因此，分离时初次培养必须有大量的白色念珠菌生长才有意义。

该病易出现久治不愈的腹泻或呼吸道病，也常被误诊为支原体病、新城疫、传染性法氏囊病、久治不愈的鸡痘、肾型传染性支气管炎、肠炎，加上混合感染较常见，应注意鉴别。

【预　防】

1. 常规预防　①加强饲养管理，降低饲养密度，保持饮水清洁卫生，河水、塘水应过滤后再用漂白粉等消毒方可饮用。②禽舍及饮水器、料槽等用具每周消毒 1 次。③种蛋孵化前要消毒，否则不可入孵。④避免使用发霉垫料。垫料要经常翻晒，尤其是阴雨季节。⑤发现病禽要立即隔离。⑥禽舍要保持干燥、通风。⑦注意饲料营养，特别是确保维生素的含量。严禁饲喂霉烂变质的饲料。⑧减少不必要的抗生素药物使用。

2. 西药预防　制霉菌素，每千克饲料中添加 100～150 毫克，连用 1～3 周。

【治　疗】

1. 西药治疗　①病禽口腔黏膜的假膜或坏死干酪样物刮除后，溃疡部用碘甘油或 5% 甲紫涂搽，向嗉囊内灌入适量的 2% 硼酸溶液。②制霉菌素，每千克饲料添加 50 万～100 万单位，连喂 1～3 周。③克霉唑，每千克饲料添加 300～500 毫克，连喂 2～3 周。④ 0.01% 龙胆紫饮水。

2. 中草药治疗　饲料中拌入 5% 切细碎的大蒜，连喂 5～7 天。

四、螺旋体病

本病是禽类的一种急性、败血性传染病，鸡易感，鸭、鹅、火鸡、金丝雀、麻雀、燕子等亦会感染，雏鸡、雏鹅等最易感，雏鸡病死率可达 30%～70%。

【病原及流行】　病原为鹅包柔氏螺旋体，也称为鸡疏螺旋体，大小为 30 微米×0.3 微米，形体细长，有 5～8 个疏松排列的螺旋，末端无钩，瑞氏姬姆萨染色蓝色，血液中运动活跃，可回转或直线运动。本病原对外界不良环境抵抗力较弱，死禽体内的病原会很快死亡，生石灰、漂白粉、甲醛等常用消毒剂易使之灭活。蜱是此病原的天然宿主，哺乳动物和禽等体内也有它的存在。蜱吸食病禽的血液，螺旋体会在其体内大量繁殖，可生存60天以上，经继代繁殖，感染性可保持400多天。感染后的雌蜱所产卵和孵化出的幼蜱，螺旋体感染率100%。病禽、带菌禽是传染源。消化道、伤口和直接接触是主要感染途径。蜱、蚊、螨是传播媒介，它们叮咬禽类或被禽采食（包括虫卵）就会发生感染。寄主体内的螺旋体，在35～38℃时繁殖最快。雏禽最易感，发病和死亡率高；成年禽感染率低，多不发病并会自愈。珍珠鸡对此病有一定抵抗力。夏秋季发生多而重。

【症状及病变】 本病的潜伏期与受感染后螺旋体繁殖快慢和毒力强弱等有很大关系，潜伏期短的2～3天，长的10余天。急性病禽发病突然，精神委顿，不食，头低垂，体温升高，不愿运动，体重下降明显，排绿色稀粪，内有白色或绿色块样物。病情继续发展，禽冠苍白，出现贫血和黄疸，双脚麻痹，行走不稳或跛行，严重的双脚和双翅都麻痹，最后抽搐死亡。慢性病禽症状轻微或难以发现，10余天后会康复。

病禽肝肿大，淤血，脆变，暗褐色，表面有一些大小不一的灰白色坏死灶和针头大小出血点；脾肿大，为正常的3～6倍，质脆化，内有黄白色坏死灶。有的病禽肾肿大，肠卡他性炎症，皮肤和肌肉黄染。

用病禽血液涂片，镜检见到螺旋体即可确诊。

【预 防】

1. 常规预防 ①不到疫区和病场引入禽、蛋。②养禽场春、夏、秋季每隔几天要喷药杀蜱、蚊、螨1次，不留死角。③勤换垫料。每隔2～3天打扫禽舍1次，清除粪便、污水等。④病、健禽和大、小禽要分开饲养。重病禽要淘汰。病死禽应深埋或焚烧。

2. 免疫接种 有条件的养禽场可取病禽的肝、脾和血液等，加工成匀浆，再用甲醛或隔水加温灭活制成组织灭活苗，使用时用无菌生理盐水稀释4倍，每只雏禽肌内注射1毫升，中、大禽每只肌内注射 1.5 毫升，有较好的预防效果。也可使用禽螺旋体多价苗每只鸡皮下或肌内注射 0.5 毫升。

【治 疗】

1. 西药治疗 ①青霉素，病初鸭每只肌内注射 10 万单位，鹅每只肌内注射 20 万～25 万单位，每天 1 次，连用 3～4 天。②链霉素，鸡每只每天肌内注射 3 万～5 万单位，每天分 2 次，连用 2～3 天。③新肿凡纳明，鹅每千克体重肌内注射 30～50 毫克，每天 1 次，连用 2 次。④氨苯肿酸钠肌内注射，每千克体重成鹅 0.05 克、雏鹅 0.03 克，每天 1 次，连用 2～3 天。⑤新霉素或红霉素，每千克体重肌内注射 20～25 毫克，每天 1 次，连用 4～5 天。⑥林可霉素，每千克体重肌内注射 25 毫克，每天 2 次，5～7 天为 1 个疗程，一般用 1～2 个疗程。

2. 中草药治疗 金银花、黄芩、玄参、黄柏、连翘各 15 克，茵陈、蒲公英各 25 克，赤芍、生薏仁各 20 克。加水 2 升，煎至取汁 1 升，供 200 只鸭 1 天饮用（重病鸭每只每天灌服 4～5 毫升），每天 1 剂，连用 3～5 天。

五、黄曲霉毒素中毒

黄曲霉菌广泛存在于自然界中，能产生毒素的主要有黄曲霉、寄生曲霉和特曲霉等几种，其代谢产物黄曲霉毒素毒性很强，是砒霜的 68 倍，氰化钾的 10 倍，对家禽、其他动物和人都有强毒性，易致中毒禽大批死亡，造成很大损失。

【病 因】 高温高湿期，玉米、花生、大豆、大米等饲料原粮如保管不善，易霉变，滋生大量黄曲霉菌，各种成品饲料也易霉变滋生黄曲霉菌，这些霉变的饲料中含有大量的黄曲霉毒素，如用来喂禽就会引起中毒。黄曲霉素有 B1、B2、G1、G2、M1、M2 等十几种，其中以 B1 毒性最强，可诱发家禽发生肝癌。家禽对黄曲霉毒素敏感，易发生中毒。家禽不分品种和年龄大小，都会发生黄曲霉毒素中毒，其中又以火鸡和雏鸭发生中毒最多、最重。黄曲霉毒素可抗高温、强酸、强光照等，对其加热到268～269℃才开始分解，强碱和5%次氯酸钠等可使之破坏。

【症状及病变】 1～2周龄雏禽易发生急性中毒，病禽症状不明显或无，很快衰竭死亡。雏病禽精神委顿，不食，腹泻，鸣叫，行走不稳，冠苍白，脱羽；严重的抽搐，双腿和双翅皮下出血，角弓反张，病死率95%以上。中禽和成禽精神委顿，食欲下降，消瘦，下痢，出血，排血色或绿色粪便，成禽产蛋下降，中禽生长发育迟缓。

病禽肝脏病变明显。雏病禽肝脏肿大，变软，色变淡，表面有许多小出血斑点或坏死灶；胸部皮下和肌肉出血；肾脏肿大，色淡而苍白，有出血点。慢性病禽肝脏变为黄色，硬化，脆化，表面有白色斑点状或结节样病灶；小腿皮下和蹼皮下有出血点；心包和腹腔内有较多积液；中毒严重且病程较长者，肝脏会癌变。

根据易发病季节家禽是否采食了霉变饲料及症状等，可作出初步诊断。

【预 防】 ①玉米、大豆、花生、油菜籽、水稻、小麦等要抢晴收打和摊晒，雨天不要收割。如无法避开阴雨天收割，应人工烘干。②不饲喂霉变的饲料。③存放饲料的仓库要进行防潮、防水、防渗等处理。存放饲料前，仓库要用甲醛、生石灰乳等熏蒸或喷洒消毒。④禽场不要一次性进饲料太多，以能用6～7天为宜。⑤雨季对玉米等易霉变的饲料可添加0.1%苯甲酸钠等进行防霉处理。⑥发病的禽舍应彻底清扫，清除粪便、粪水等，集中后用漂白粉或生石灰粉处理。⑧重病禽、病死禽不可食用，否则食用者会中毒，要集中深埋或焚烧。

【治 疗】

1. 西药治疗 ①尽快让病禽饮服或灌服5%白糖水，每次每只鸡10毫升、鸭15～20毫升、鹅30毫升，每天1次，连用2天。也可饮服1%葡萄糖水。②发现家禽中毒立即更换饲料，每100千克饲料中拌入维生素C 30克、葡萄糖500克喂服，连用2～3天。③每

100千克饲料中拌入氟苯尼考20克、阿莫西林30克，连用2～3天。④硫酸镁，每只鸡一次灌服5克，每只鹅一次灌服10～15克，之后供给充足饮水。⑤制霉菌素，每只成鸡、鸭用3万～4万单位拌料喂服，每天1次，连用1～2天。⑥1%硫酸铜溶液，连饮4～5天。⑦0.5%～1%碘化钾溶液，连饮3～5天。

2. 中草药治疗　①栀子、茵陈、大黄各20克。适量水煎取汁，加入葡萄糖40～60克，维生素C 0.1～0.5克，供100只鸭或鹅饮服。②绿豆500克，甘草30克，防风15克。适量水煎取汁，加入葡萄糖50克，供100只鸭或鹅饮服。

六、鸡毒支原体病

本病又称慢性呼吸道病，是鸡和火鸡的一种慢性、接触性、败血性传染病，对养鸡业有严重威胁。雏鸡最易感染此病，发病后如不及时防控，死亡率30%～70%；成鸡发病，死亡率低，但产蛋会下降30%～50%，蛋的孵化率会降低10%～20%。鸡场发生此病将难以根治。

【病原及流行】　病原是鸡毒支原体，是一种介于病毒和细菌之间的微生物，革兰氏染色阴性，属好氧和兼性厌氧。阳光直射和高温都可在较短时间内将其杀死，45℃1小时、50℃70分钟可使之灭活，20℃鸡粪内可存活1～3天，37℃卵黄中可生存18周，-30℃能保存1～2年，-60℃可存活10多年；生石灰、过氧乙酸、甲醛等常用消毒剂都能将其杀死。

鹅和火鸡易感染本病，鸽、鹌鹑等也会感染，4～8周龄鸡和火鸡最易感。病鸡、带菌鸡是传染源，其种蛋、粪便、咳嗽或打喷嚏排出的飞沫和被污染的垫料、饲料、饮水、尘埃等可传播病毒。呼吸道、消化道是主要感染途径。本病一年四季都会发生，但以秋冬季发病多而重。天气突变、饲养密度大、营养不足或不平衡、鸡舍通风不良等会促发和加重本病。本病复发率高，易与新城疫、鸡传染性支气管炎、鸡大肠杆菌病继发或并发感染，进一步加重病情，升高死亡率，增大治疗难度。成鸡感染多不发病，成为带菌鸡。

【症状及病变】　本病潜伏期5～30天，病程可持续1个月或1年。病鸡典型症状是咳嗽、打喷嚏、张口呼吸、气管啰音、甩头及鼻炎等呼吸道症状。轻病鸡症状不明显，有的鼻孔流出少量鼻液。雏鸡发病，鼻液增多，咳嗽，呼吸困难，打喷嚏，张口呼吸，摇头，啰音；有的眼睑肿胀，流泪，眼有黏性或脓性分泌物；眶下窦肿胀，内有干酪样渗出物，严重的失明；有的关节炎，行走不稳或跛行。产蛋鸡感染，症状无或不明显，产蛋量明显下降，孵化率降低，孵出的雏鸡也多染病。病愈鸡获得免疫力，不会再发病，但是成为带菌者和传染源。

病鸡鼻腔、气管、支气管、肺和气囊内有黏性或干酪样分泌物；气囊增厚，气囊膜混浊，有黄白色豆腐渣样渗出物，有的有大小不一的结节。病情重的鸡出现纤维素性肝周炎，心包充血、出血，有的鼻腔中有恶臭味的淡黄色黏液，肺充血。胚胎感染随时会死亡，但多死于将出壳时。有不少病鸡为混合感染，呼吸道黏膜水肿、充血，窦腔和气囊内有许多黏液和干酪样物；若混合感染大肠杆菌，会出现纤维性肝周炎和心包炎，关节肿胀，跛行，面部和眼眶红肿。

【预　防】

1. 常规预防　①不要到病鸡场或疫区引入鸡和蛋。②病鸡应淘汰，疑似病鸡要隔离饲养。不同日龄鸡要分开饲养。③鸡与其他禽要分开饲养，不可混养。④鸡舍内外每2～3天打扫1次，清除粪便、垫料、污水等，清洗饮水器、生产工具等。⑤鸡舍内外每隔6～7天消毒1次，发病时1～2天消毒1次。⑥勤换垫料。春季重视防潮，夏秋季抓好防暑降温，冬季做好防寒保暖。⑦病鸡和疑似病鸡所产蛋不可作种用。⑧有条件的鸡场要定期进行血清检测，淘汰阳性鸡。

2. 西药预防　①链霉素，1日龄雏鸡喷雾（每毫升含2 000单位）或滴鼻（0.5毫升），3～4周龄、4月龄、6月龄分别再用药1

次；种母鸡每天肌内注射 0.2 克，连用 4～5 天。②5～9 日龄鸡胚尖端打一针孔，向蛋黄内注入 2.5 毫克泰乐菌素，后用石蜡封好针孔，继续孵化，也可向孵化中的种蛋气室内注入 2～5 毫克泰乐菌素或林可霉素，用石蜡封好针孔后继续孵化，都可较好防止此病经种蛋传播。③感染耐过鸡，每 15～30 天用强力霉素 1 克对饮水 10 升供鸡饮服，连用 3～4 天。④每升冷开水中加入红霉素 0.5～1 克或链霉素 600～1 000 毫克，种蛋入孵前浸泡 15～20 分钟。

3. 免疫接种 ①鸡毒支原体灭活疫苗。本疫苗可明显减少或切断种蛋传播，一年免疫接种 2 次，皮下或肌内注射，适用于 1～10 周龄鸡和成鸡，每只 0.5 毫升。种鸡可在换羽期行第二次免疫。②鸡毒支原体活疫苗。有 F 株、ts-11 株和 6/85 株 3 种活疫苗。F株采用饮水或气雾接种，6/85 株采用气雾接种，ts-11 株采用点眼接种。F 株毒力中等，可有效控制二次感染和产蛋量下降，防止各年龄鸡的野毒株感染；3、10 日龄鸡接种 F 株效果好于 1 日龄。ts-11 株毒力比 F 株弱，但保护期长，能解决不同年龄鸡混养时 F株的感染问题。6/85 株毒力比 F 株弱，无致病性。③传染性鼻炎、支原体病双价二联灭活疫苗。本疫苗适用于各年龄鸡，能有效预防AC 型、C 型副鸡嗜血杆菌和鸡败血支原体感染。接种后 2～3 周产生免疫力，保护期 6 个月，保护率 91%～100%。采用皮下或肌内注射接种，2～4 周龄鸡每只用 0.3 毫升，成鸡每只用 0.5 毫升，12 月龄鸡加强免疫每只用 1 毫升。④新城疫、传染性支气管炎、鸡毒支原体灭活疫苗。皮下接种，每只鸡 1 毫升；3 周龄及以上鸡首免。为提高免疫效果，间隔 4 周应进行第 2 次免疫。跨年饲养的鸡，换羽期要再免 1 次。本疫苗使用前，如先首免相关活疫苗，效果会更好。

【治疗】

1. 西药治疗 ①北里霉素，每升饮水中加入 500 毫克，分别在1～3 日龄、8～11 日龄、21～24 日龄、28～31 日龄投药，供鸡自由饮服，每次连用 3～4 天。②泰乐菌素，每千克鸡体重口服 25 毫克，每天 1 次，连用 4～5 天；也可每升饮水中加入 500 毫克或每千克饲料拌入 30～50 毫克供鸡饮（喂）服，连用 5～6 天。③洁霉素，每升饮水中加入 31.5 毫克供鸡饮服，连用 4～7 天；也可每千克体重肌内注射 20～30 毫克或口服 15～30 毫克，每天 2 次，连用 4～5 天。④支原净，50 升饮水中加纯品 12.5 克供鸡饮服，连用 3～4 天；或饲料中拌入 0.05% 纯品，连用 3 天。⑤ 1% 氧氟沙星针剂，每千克体重肌内注射 3～5 毫克，每天 2 次，连用 3 天。或 4% 氧氟沙星粉剂，每升饮水中加入 50～100 毫克供鸡饮用，连用 3～4 天。⑥盐酸恩诺沙星，50 升饮水中加入 5 克供鸡饮用，连用 3～5 天。

2. 中草药治疗　①板蓝根每只每天 2 克。适量水煎 2 次，取汁，合并汁液量为每只鸡不少于 10 毫升，凉后供鸡饮服，每天 1 剂，连用 4～5 天。②蒲公英、大青叶各 150 克，鱼腥草 250 克（1 400 只肉仔鸡用药量）。适量水煎取汁，凉后供鸡饮服，每天 1 剂，连用 3～4 天。③茯苓、厚朴、柴胡、贝母、杏仁、玄参、荆芥、陈皮、赤芍、半夏、甘草各 30 克，细辛 6 克。所有药共研成粉末，用适量沸水沏闷药粉 30 分钟，过滤，凉后再加入适量冷开水供鸡饮服，同时药渣拌料饲喂，每天 1 剂，连用 3～4 天。④浮小麦、杏仁、麻黄各 9 克，五味子、干姜各 6 克，石膏 24 克，厚朴 15 克，半夏 12 克（200 只 20 日龄鸡用药量）。寒深者重用干姜、稍减石膏；风寒者加适量桔梗、辛夷；热重者加适量瓜蒌、稍减干姜；风热者加适量前胡、柴胡。适量水煎，取汁，凉后一半加入饮水中供鸡饮服，一半拌饲料喂服，每天 1 剂，连用 4 天。⑤甘草、苦参、大黄、陈皮、黄芩各 40 克，山楂、麦芽、神曲、龙胆草各 30 克，郁金、栀子各 35 克，桔梗、苍术各 50 克，鱼腥草 100 克，草决明、石决明各 50 克，紫菀 80 克，白药子、黄药子各 45 克，苏叶 60 克。共研成粉末，用药量为每只每天 2.5～3.5 克。三分之一拌日粮先喂鸡，剩下的三分之二一次喂完，每天 1 剂，连用 3 天。⑥六神丸 6粒。1 只鸡 1 次口服，每天早晚各 1 次，连用 2～3 天。

3. 中西医结合治疗　金荞麦根、款冬花、甘草、紫苏各 80 克，金银花、杏仁、知母、生石膏、黄芩、贝母各 90 克，麻黄 70 克；安乃近 10 克，替米考星 10 克，氨茶碱 5 克，泰乐菌素 10 克，甲氧苄啶（TMP）4 克，白糖 1.5 千克。此为 1000 只体重 1.5 千克鸡 1 天的用药量。中药加 10 升水煎，取汁备用。西药加入 50 升水中溶解，后倒入中药液混匀供鸡饮服，每天 1 次，连用 3 天。

七、鸡冠癣病

鸡冠癣病是慢性真菌性皮肤病，在鸡冠和头部无毛处产生癣痂，奇痒难忍，影响鸡的生长和产蛋。

【病原及流行】 病原为中南尼兹霉属麦格氏癣菌（鸡头癣菌）。其孢子在高温、高湿、干燥、冰冻等条件下都可生存很长时间，干燥条件下能存活 3～4 年，沸水煮 1 小时才被杀灭。鸡、火鸡、鸭、鸽等可感染本病，雏鸡不易感染，成鸡易感病，猪、牛等哺乳动物及人类亦会感染。重型品种鸡比轻型品种鸡易感病。带菌鸡、病鸡是传染源。病鸡脱落的痂屑及被污染的垫料、饲料、土壤、用具等可传播病原。主要经伤口和直接接触感染。库螨和禽体表寄生虫是传播媒介。高温高湿的夏秋季本病多发。蚊虫叮咬、禽舍通风不良、饲养密度大等会促发和加重发病。本病以散发为主。

【症状及病变】 病鸡精神不振，痒痛不宁，生长发育不良，渐渐消瘦，贫血，产蛋下降或停产；随着癣痂的不断扩展，会蔓延至颈部和躯体上，引起患部脱羽。病鸡鸡冠初期形成灰白色或黄灰色小斑点，表面长有一层面粉样的鳞屑；以后随着病情加重，痂癣增多、增厚，扩大到整个冠、肉髯、眼睛附近、颈部和全身，形成一层白色癣痂。

重病鸡呼吸道和消化道黏膜有坏死点，表面有浅黄色干酪样物，有的肺脏和支气管发炎。

取少许病癣痂，剥开，涂抹于载玻片上，显微镜下见到长菌丝和椭圆形分生孢子，可确诊。

【预　防】

1. 常规预防　①鸡舍保持干燥、通风，垫料要换干透的当年秸秆。②鸡舍每2～3天打扫1次，彻底清除粪便、污水、垫料等。③鸡舍内外每隔6～7天消毒1次，多雨潮湿季节3～4天消毒1次。④病鸡要尽快隔离饲养。重病禽要淘汰。⑤不到发病鸡场引种。⑥鸡与其他动物应分开养，不要混养。⑦鸡场发病时，工作人员也要做好个人防护和消毒工作。⑧重视库蠓、蚊和体外寄生虫的防治。夏秋季每隔4～5天喷洒1次杀虫剂，可喷洒0.01%敌百虫液。

2. 西药预防　泰灭净，2.5千克饲料拌入0.7克喂鸡，连用5～7天。

【治　疗】　①每千克鸡体重用增效磺胺嘧啶0.06克拌料喂鸡，首次用药量加倍，连用3～4天。②先用肥皂水或无磷洗衣粉溶液清洗患部皮肤，接着用冷开水冲洗干净，再涂抹福尔马林1份、凡士林20份配成的软膏，每天2次，连用2～3天。③先清洗患部，后涂搽碘酊或10%水杨酸软膏等，每天2次，连用3～4天。④制霉菌素，每只每次口服2万～3万单位，每天3次，连用3～5天。⑤为防鸡群继发感染，夏秋季用硫酸铜1 500～2 000倍液药浴。先将药液倒入大盆、大桶或大池中，每只鸡先浸没躯体，再捏住喙快速浸没头部，然后放回笼内或舍内等，让其自然晾干。

第五章

寄生虫病

一、羽 虱 病

羽虱是一类寄生于家禽体表的细小寄生虫，以取食羽毛和皮屑等为生。

【病原及流行】 羽虱有几十种，属食毛目、长角羽虱科和短角羽虱科，各自的寄主较固定，一种家禽常有几种羽虱寄生。鸡有头虱、羽干虱、鸡大体虱等几种，鸭有鸭细虱和鸭巨羽虱等，鹅有鹅细虱和鹅巨羽虱等。禽羽虱体形细小，大的5～6毫米，小的1毫米，有头、胸、腹三部分，有卵、幼虫、成虫三个发育阶段，属不完全变态昆虫，咀嚼式口器。其整个生活史都在禽体上，取食羽毛和皮屑等，若脱离禽体，2～3天会死亡。禽羽虱成虫卵产于羽毛基部，团块状，黏附在羽毛上；卵经6～9天可孵化出幼虫，幼虫经3次蜕皮变成成虫，完成一个世代需20～25天。禽羽虱主要通过直接接触传播，野鸟、垫料、生产工具、蚊、蝇等也可间接传播。禽羽虱在36℃以上高温和较强日光照射下会很快死亡。本病一年四季都可发生，但以秋冬季发生多而重。禽舍卫生条件差、通风不良、潮湿等会促发和加重本病。

【症状及病变】 禽羽虱寄生于羽毛和皮肤上，以羽毛、皮屑等为食。羽虱较多时，家禽瘙痒难忍，神态不安，不时啄羽，羽毛易折断、脱落、无光泽，食欲下降，消瘦，生长发育不良，抗病力和产蛋量下降，严重的发生皮肤炎。

扒开病禽羽毛或拔下数根羽毛，用高倍放大镜观察到禽羽虱，即可确诊。

【预　防】

1. 常规预防　①禽舍每隔3～4天清扫1次，清除垫料、脱羽、尘土等并集中烧毁。②引进禽时要严格检疫。③病禽要及时治疗并隔离饲养。④秋冬季禽舍每隔6～10天喷洒1次0.2%敌百虫或0.2%敌敌畏等溶液，密闭3～4小时，可有效杀死羽虱。⑤禽运动场挖几个长40厘米、宽30～40厘米、深25～30厘米的坑，坑中放入干净细沙10份、硫黄粉1份，拌匀，让禽自由沙浴。药沙一般20～30天更换1次。也可用塑料（木）箱装入药沙，摆放于禽舍的不同位置，让禽沙浴。

2. 中草药预防　①易发生禽羽虱的季节，每隔8～10天，晚上用适量烟草粉拌2～3倍量木屑等，点燃，带禽密闭熏烟1～2个小时，后开窗散烟。②每个禽窝中放一小把杨树穗，可驱杀羽虱。③艾叶、苍术、大青叶或大蒜茎叶各等份，共研成粉末。待禽入舍或晚上，取适量药粉拌于适量木屑等中，放于地面或金属盆内，密闭门窗，点燃熏烟40分钟到1小时，后开窗散烟。每隔7～10天用药1次；病情重时，每隔3～4天1次，连用2～3次即可。

【治　疗】

1. 西药治疗　①晚上禽舍地面、墙壁和所有用具和禽体表喷洒0.2%敌百虫液或0.05%～0.1%溴氰菊酯溶液等低毒农药，隔1天再用药1次，有良好防治效果。②0.5%敌百虫粉或2%～3%除虫菊粉，或4%～5%硫黄粉，用喷粉器喷于双腿、胸、腹、颈等羽内。

2. 中草药治疗　①烟叶25～30克，加水500毫升煎汁，候凉后浸洗羽毛，用药1次便可。此法秋冬寒冷时不可采用。②烟叶粉或硫黄粉8份，滑石粉2份，混合，细心撒于禽羽中。③百部1千克（200只鸡2次用药量），加水50升煮沸30分钟，过滤取汁，再加水30～40升，煮沸30分钟，过滤取汁，将2次汁液合并备用。禽羽虱局部寄生时，可用棉球等擦洗患部羽毛，每天1次，连用2次。鸡全身或大部分寄生禽羽虱时，选温暖的晴天，将鸡全身快速浸没于药液中，每天1次，连用2天。③百部20克，浸于0.5千克米酒中5天，用棉球蘸药液涂搽患部，每天1次，连用3次。④百部100克，加适量水煎，煎至可取汁0.5升，喷于家禽患部，每天1次，连用2～3次。⑤樟脑丸研成粉，于晚上撒于鸡窝内，3天后再撒1次。

二、隐孢子虫病

隐孢子虫可寄生于禽呼吸道、消化道、法氏囊和泄殖腔，各种禽都会感染，易致呼吸道、消化道等发生感染，严重影响家禽的生长发育和产蛋等。

【病原及流行】 病原为贝氏隐孢子虫和火鸡隐孢子虫，其中贝氏隐孢子虫最具致病性。贝氏隐孢子虫卵囊近圆形，大小为6.3微米×5.1微米，卵囊内无孢子囊，仅有4个状如香蕉的子孢子和1个残体，其生长发育要经脱囊、裂殖生殖、配子生殖和孢子生殖4个阶段。家禽摄入了宿主排出的带有孢子化卵囊粪便污染的饲料、土壤、垫料、饮水、草、昆虫等，就会发生感染。贝氏隐孢子虫主要寄生于鸡、鸭、鹅等呼吸道、消化道、法氏囊和泄殖腔。火鸡隐孢子虫卵囊圆形或椭圆形，内有4个子孢子。火鸡隐孢子虫寄生于火鸡、鹌鹑、鸡、鸭等的呼吸道和消化道。隐孢子虫的生长、发育、繁殖等与球虫相似。常用消毒药物多较难杀死隐孢子虫，65℃以上的温度和50%漂白粉液等可杀死卵囊。病禽、带虫禽是传染源。感染途径是呼吸道和消化道。鸡、鸭、鹅、火鸡、鸽、野鸡、麻雀等都会感染隐孢子虫。猪、牛、羊、猪、狗等动物和人也会感染隐孢子虫。雏禽受害最重，成禽感染但不会发病，成为带虫者。50日龄鸡，特别是10日龄内鸡最易感，发病和死亡率较高。本病一年四季都会发生，但以温暖、潮湿的6～9月份发病多而重。禽舍环境卫生差、通风不良、潮湿、与野禽或家畜接触多会促进和加重发病。

【症状及病变】　呼吸道感染的雏禽，表现精神委顿，少食或不食，咳嗽，打喷嚏，气喘，伸颈和张口呼吸，消瘦，不喜运动；消化道感染的雏病禽，表现腹泻，排带有血液的粪便，如不及时治疗，病死者较多。中、成禽感染，多无症状或症状不明显，但生长发育会变缓，产蛋量会有所下降。

贝氏隐孢子虫呼吸道感染病禽，呼吸道内有大量灰白色黏性分泌物，喉头、气管黏膜水肿，分泌许多浆液性物，肺脏发炎水肿、充血，表面有浅红色斑状纹，肺泡萎缩，气囊变厚、混浊，脾充血、肿胀，双侧眶下窦内有黄白色液体；消化道感染的病禽，大肠和小肠黏膜充血、肿胀，内有大量难闻气体和浆性液体，法氏囊萎缩、出血。火鸡隐孢子虫感染病禽，小肠黏膜水肿，苍白，内有气泡和云雾样黏液。

取病禽粪便做抹片，在显微镜下如发现有卵囊，即可确诊。

【预　防】　①禽舍每隔2～3天换新鲜干燥的垫料1次，并烧毁换下的垫料；每隔3～4天打扫1次，清除粪便、污水等，集中密封发酵处理。②大、小禽要分开饲养。病禽要隔离治疗。感染但不发病的中、成禽也要治疗，以减少传染源。重病禽应淘汰。③5～9月每隔6～7天禽舍内外喷洒杀虫剂1次，以驱杀蚊、蝇等；每月灭鼠1次。④家禽与其他畜禽不要混养。⑤禽舍内外及地面、饮水器、禽笼、料槽、用具等每隔8～10天用生石粉、0.5%氨水、10%福尔林马溶液、50%漂白粉等消毒1次。⑥无关人员和车辆谢绝进入禽舍。⑦防止野鸟进入禽场。

【治　疗】

1. 西药治疗　①交沙霉素，每千克饲料中拌入8克，连用4～5天。②大蒜素，每千克饲料中拌入600毫克，连用4～5天。③复方新诺明，每千克饲料中拌入8.6克，连用4～5天。

2. 中草药治疗　百部、苍术、苦参各6克，槟榔、葛根、白芍各10克，芜荑、雷丸（水沸后下）、陈皮、甘草各5克。适量水煎至100毫升，取汁，每只鸭、鹅灌服40～50毫升，每天1剂，连用5～6天。

三、前殖吸虫病

鸡、鸭、鹅、野鸡、鸽都可因感染前殖吸虫而发病，母禽受害最重，主要寄生在输卵管、泄殖腔和法氏囊内，导致产软壳蛋、变形蛋、无壳蛋或停产等；病重禽会继发腹膜炎，引起死亡。

【病原及流行】 病原有透明前殖吸虫、卵圆前殖吸虫、楔形前殖吸虫、鸭前殖吸虫、鲁氏前殖吸虫和罗氏前殖吸虫等，属前殖科、前殖属，其中以卵圆前殖吸虫和透明前殖吸虫多见。卵圆前殖吸虫大小3～6毫米×1～2毫米，梨形，体表有小刺；虫卵大小22～24微米×13微米。透明前殖吸虫大小5.85～8.67毫米×2.93～3.86毫米，长梨形，仅虫体前半部表面有小刺，虫卵大小25～29微米×11～15微米。

前殖吸虫第一个中间宿主是淡水螺，第二个中间宿主是蜻蜓。成虫在鸡、鸭、鹅等的输卵管、法氏囊、泄殖腔和直肠内产卵并随粪便排于体外。虫卵被淡水螺取食后，在消化道孵化出毛蚴，随即毛蚴侵入螺体内生长发育成胞蚴和尾蚴；尾蚴脱离螺体进入水体中，如遇到蜻蜓幼虫，从肛门进入并钻入肌肉中发育成囊蚴。家禽采食了体内有囊蚴的蜻蜓幼虫或成虫就会发生感染。囊蚴在禽的消化道变成童虫并经泄殖腔侵入输卵管或法氏囊，再经8～14天生长发育为成虫。

此病呈地方性流行，我国黄河以南地区的发病比黄河以北地区多而重。晚春和夏季此病发生最多。病禽、带虫禽是传染源，其粪便和污染的水体、杂草、垫料等可传播病原。淡水螺和蜻蜓幼虫是传播媒介。感染途径是消化道。散养和放牧饲养的家禽易感染发病，工厂化饲养和圈养的家禽一般不会感染发病。

【症状及病变】 病禽初期症状不明显或无，母禽产蛋下降，产薄壳、软壳或变形蛋。病重禽精神不振，食欲下降，逐渐消瘦，贫血，羽毛不整，腹部膨大，行走摇晃，有的从泄殖腔排出卵壳碎片或石灰水样的难闻液体，体温升高，口渴喜饮，泄殖腔外翻、充血，泄殖腔和腹部羽毛脱落、沾有污物，发生腹膜炎，如得不到及时治疗，10～15天会死亡。

病禽输卵管、泄殖腔发炎，黏膜肿胀、充血并变厚，输卵管壁上细心观察可找到虫体。有的输卵管破裂，腹腔中可见变形、变性的皱缩卵泡。

【预　防】　①禽舍内外每隔2～3天打扫1次，清除粪便、垫料、污水等，集中密封发酵处理。积水要及时清除，坑洼处应填平，以免蜻蜓产卵和繁殖幼虫。②禽舍内外每隔6～7天要用生石灰粉或3%氢氧化钠溶液等消毒1次。③放养水禽的死水塘和沼泽等春夏季每隔2～3个月喷洒0.02%硫酸铜1次，消灭中间寄主淡水螺。④春夏季禽舍附近和水塘等处的杂草和水体，每隔15～20天喷洒敌百虫等杀虫剂1次，杀灭蜻蜓及其幼虫。⑤大小禽要分开饲养。病禽要隔离饲养。重病禽应淘汰。⑥易发病季节每隔30～60天预防性驱虫1次。⑦春夏季禽舍要勤换垫料，加强通风降湿，始终保持干净、干燥。

【治　疗】

1. 西药治疗　①六氯乙烷，每千克体重用0.2～0.3克，拌料饲喂，每天1次，连用3次。②吡喹酮，每千克体重30～50毫克，一次灌服。

2. 中草药治疗　雷丸研成粉末，每千克体重1.5～2克，对水灌服，每天早晚各1次，连用1～2天，7～10天后再行驱虫1次。

四、气管吸虫病

气管吸虫主要寄生于鸡、鸭、鹅，特别是鸭气管、支气管、气囊等内，引起患禽呼吸困难、咳嗽、消瘦等，严重的虫体阻塞呼吸道，使禽窒息死亡。

【病原及流行】　本病原为瓜形盲肠吸虫、舟形嗜气管吸虫、肝嗜气管吸虫等，舟形嗜气管吸虫和瓜形盲腔吸虫较常见。气管吸虫粉红色或红白色，扁平，椭圆形，体长 6～11.5 毫米，没有口和腹吸盘；虫卵椭圆形，内有毛蚴。舟形嗜气管吸虫主要寄生于家禽的气管、支气管和气囊中，瓜形盲腔吸虫寄生在气管、气囊和食道中，其中间寄主是椎实螺和扁卷螺等。成虫在禽气管内产卵，与食物和痰一同进入消化道，随粪便排于体外。在体外的虫卵会从中释放出毛蚴，侵入椎实螺和扁卷螺等中间寄主体内，继续发育成尾蚴和囊蚴。家禽取食寄生有囊蚴的椎实螺等中间寄主，就会发生感染。散养或放牧的家禽易发生此病，圈养的家禽一般不会染病。鸭、鹅到湖泊、池塘、水沟等处放牧，采食螺的机会大增，感染也会随之增加。春、夏、秋本病多发。病禽、带虫禽及其排出的粪便、椎实螺等是传染源。

【症状及病变】 病禽精神不宁，烦躁，气喘，咳嗽，伸颈，摇头或甩头，气管啰音，消瘦，贫血，产蛋下降或停产；病重的呼吸道内有大量虫体，发生阻塞，呼吸艰难，最后窒息死亡。

病禽咽部、气管黏膜充血、水肿，分泌大量黏液性物，黏液性物中包有虫体。

【预　防】 ①禽舍内外每隔 2～3 天打扫 1 次，清除粪便、污水、垫料、杂草等，集中密封发酵处理。②易发病的季节，池塘、河沟等每隔 30～40 天每 667 米² 撒 10 千克茶籽饼粉。③禽舍内外每隔 6～7 天用生石灰粉或 3% 氢氧化钠溶液消毒 1 次。④病禽、带虫禽要隔离饲养。重病禽要淘汰。⑤池塘、沼泽、水库边要泼洒硫酸铜5 000 倍液灭螺。

【治　疗】 ①从家禽声门裂处注入 1～2 毫升 0.1% 碘溶液或 5%水杨酸溶液，2 天后再用药 1 次。②饮水中加入 0.2% 土霉素，连饮2～3 天。同时气管注射 0.2% 碘溶液，成鸡 0.7 毫升；2 月龄鸭 1毫升，成鸭 1.5～2 毫升；成鹅 3 毫升，1 次即可。

五、皮刺螨病

皮刺螨寄生于鸡、鸭、火鸡等体表，营寄生生活，吸食血液，致禽不安、消瘦、产蛋下降等，同时传播禽霍乱等疾病，应引起重视。

【病原及流行】 本病原为鸡皮刺螨等皮刺螨虫，也称为红螨。鸡皮刺螨长椭圆形，吸饱血后通体呈红色，体表密生细毛；雄螨大小 0.6 毫米 × 0.32 毫米，雌螨大小 0.72～0.75 毫米 × 0.32 毫米；螯肢细长，针管状，可以刺穿禽皮肤吸取血液；足细长，有吸盘，以利吸附寄主体表。整个生育期可分为卵、幼虫、若虫、成虫 4 个阶段。

禽体上的雌螨每次吸饱血液后，多进入家禽附近的巢窝、鸡笼和墙壁细缝等处产卵，白天隐藏，晚上爬于禽体吸血，如此时环境温度在 20～25℃，卵 2～3 天可孵化出幼虫。鸡皮刺螨从卵到变成成虫，整个生育期为 6～8 天。气温低的冬春季，鸡皮刺螨隐藏于各种无光的夹缝处休眠越冬。夏秋季最适宜皮刺螨生长发育，家禽感染和发病也最多。无论大小禽都会感染此螨，雏禽受害尤重。鸡皮刺螨还可传播禽霍乱、螺旋体病和鸡脑炎病毒病等。长期养禽的禽舍，皮刺螨隐藏基数大，易发生本病。可通过与病禽、带虫禽或污染的垫料、泥土、生产用具等直接或间接接触传染。皮刺螨还会侵袭人，工作人员的衣物等也要常灭虫。

【症状及病变】 病禽因被无休止的叮咬和吸血，逐渐消瘦，痛痒难安，贫血，皮肤表面产生许多红疹，蛋禽产蛋下降或停产。雏禽受害重时，会逐渐衰竭死亡。晚上用手电照射扒开的禽羽，可看到螨虫。

【预　防】 ①禽舍内外每 2～3 天打扫 1 次，清除垫料、尘土、粪便等，集中烧毁，或放发酵池，喷洒敌百虫等杀虫剂，再密封发酵。②禽舍内闲置不用的物品要移出，以防隐藏螨虫。墙壁裂缝要用水泥或石灰封严。③笼具、饮水器、料槽要常用生石灰水洗刷，然后置阳光下暴晒。禽舍墙壁等每隔 5～6 天喷洒或泼洒 15%～

20% 生石灰乳 1 次。地面及各种裂缝处撒生石灰粉。④成禽和雏禽要分开饲养。重病禽应淘汰。⑤实行全进全出制。每批禽出笼后，禽舍内全面喷洒 1 次敌敌畏等杀虫剂，并密闭 2～3 天，彻底杀灭隐藏各处的螨虫。

【治 疗】 ①氰戊菊酯，每千克体重 60 毫克喷洒体表，必要时过 2～3 天再用药 1 次。② 0.25% 敌敌畏喷洒禽舍内墙壁、地面、笼具、砖缝和禽体表等，3 天后再用药 1 次，以后每隔 15～20 天喷药 1 次。③溴氰菊酯，每千克体重 50 毫克喷洒体表，必要时过 2～3 天再用 1 次。④ 0.2% 除癞灵喷洒禽舍内墙壁、地面、笼具、砖缝和禽体表等 1 次，3 天后再喷 1 次，以后每隔 15～20 天喷洒 1 次。⑤ 0.2% 敌百虫溶液，喷于禽体表，7～10 天后再用药 1 次。⑥伊维菌素，散养禽每千克饲料中拌入 0.4 毫克，一次喂服。

六、棘口吸虫病

鸡、鸭、鹅、山鸡等易感染棘口吸虫，猪、牛、羊、狗和人也会感染，是一种人兽共患病。棘口吸虫主要寄生于家禽等的盲肠中，引起消化紊乱、生长不良、产蛋量下降等，严重的可致死亡。

【病原及流行】 病原主要是卷棘口吸虫、宫川棘口吸虫等，共有近六十种，属棘口科、棘口属、低颈属和棘缘属。卷棘口吸虫大小 7.6～12.6 毫米×1.26～1.60 毫米，细长叶状，表面长有刺，浅红色；卵黄色或金黄色，椭圆形，内含卵细胞。棘口吸虫第一中间寄主是椎实螺和扁卷螺，第二中间寄主是扁卷螺、蝌蚪、椎实螺等。成虫寄生于鸡、鸭、鹅等的肠道内，卵随禽粪排于体外，随雨水等进入各水体，在 30～35℃适温下经 10 天左右在水中孵化成毛蚴。毛蚴在水中不停游动，遇到椎实螺等就钻入其中，发育成胞蚴。胞蚴继续发育，变为母雷蚴。发育成熟的母雷蚴内有子雷蚴，子雷蚴经 30 天左右发育变成尾蚴。尾蚴会主动钻出螺体，进入水中，如碰到扁卷螺和蝌蚪等第二中间寄主，就会侵入其体内，继续发育并脱掉尾部变成囊蚴。家禽如取食了含有囊蚴的淡水螺蛳、蝌蚪等，就会发生感染，在禽肠道内经 20 天左右发育成熟，排出虫卵；虫卵随粪排出体外，如此循环往复。病禽、带虫禽及其粪便和染有囊蚴的椎实螺、扁卷螺、蝌蚪等是传染源。雏禽最易感染并发病。成禽感染了也多不发病，成为带虫者。本病主要发生在夏秋季，除广东、广西、海南等外，其他地方冬春季不会发病。

【症状及病变】 发病雏禽精神不振，食欲下降，逐渐消瘦，贫血，生长发育不良，下痢；严重的极度瘦弱，后衰竭死亡。成禽感染多不发病或症状不明显，产蛋量下降。剖检可以发现肠道黏膜损伤、发炎、出血，黏膜上有不少虫体。

【预　防】 ①禽舍内外每隔 2～3 天打扫 1 次，清除粪便、污水、垫料、杂草等，集中密封发酵处理。②雏、成禽要分开饲养。病禽应隔离饲养。重病禽要淘汰。③禽舍内外每隔 6～7 天要用生石灰粉或 3% 氢氧化钠溶液消毒 1 次。④禁止打捞水草、螺等喂鸭、鹅。⑤池塘、库湾、沼泽等处每隔 2～3 个月泼洒 1 次硫酸铜 5 000倍液灭螺等。⑥每年对禽预防性驱虫 2 次。

【治　疗】

1. 西药治疗 ①抗蠕敏，每千克体重灌服 30 毫克，同时每千克体重用复方敌菌净 30 毫克拌料喂禽。②氢溴酸槟榔碱，每千克体重 3 毫克，配成 0.1% 溶液灌服。

2. 中草药治疗 ①槟榔 50 克，加 1.2 升水煎汁，煎至取汁 750毫升，每千克体重空腹饮服 6～10 毫升。②石榴皮、槟榔各 100 克。加适量水煎至取汁 800 毫升，拌料喂服，每天 1 次，连用 2 次。20日龄鸡每次用药 1 毫升，30～40 日龄鸡每次 1.5～2 毫升，成鸡每次 3～4 毫升，成鸭每次 5～6 毫升，成鹅每次 7～8 毫升。

七、鸡球虫病

鸡球虫病是一种由多种艾美尔球虫侵染所致的常见寄生虫病，

主要危害雏鸡和青年鸡；病鸡若得不到及时治疗，死亡率80%～100%，对养鸡业危害甚大。

【病原及流行】 病原是艾美尔球虫，我国已发现柔嫩艾美尔球虫、堆型艾美尔球虫、早熟艾美尔球虫、巨型艾美尔球虫、布氏艾美尔球虫、和缓艾美尔球虫、变位艾美尔球虫、毒害艾美尔球虫和哈氏艾美尔球虫共9种，其中柔嫩艾美尔球虫主要寄生于盲肠内，其他8种艾美尔球虫则以寄生于小肠为主。鸡一般不只感染一种球虫，多数是混合感染几种球虫。球虫孢子卵囊在土壤中可保持感染力4～9个月，阴凉处可生存15～18个月，48℃时停止发育，55℃时几秒能被杀死，干燥时1天死亡；冰冻时不会死亡，只是暂时休眠。

鸡摄入了土壤、垫料、饲料、饮水等中的孢子卵囊，就会发生感染，在肠道细胞内进行无性或有性生殖，形成新的卵囊并随粪便排于体外。排于体外的卵囊，于适宜条件下，经2～3天生长发育，变成有侵染能力的4个孢子卵囊，每个孢子卵囊有2个孢子，鸡食入这种孢子就会发生感染。孢子进入盲肠后会侵入盲肠腺上皮细胞内，先后发育成圆形滋养体、裂殖体，进行裂殖繁殖，产生大量裂殖子。裂殖子再发育成雄性和雌性配子，进行有性繁殖。雌雄两配子结合，形成合子并随粪便排于体外，进入自然环境，发育成孢子卵囊，鸡食后又重新进入生育轮回，如此反复不止。鸡从食入孢子卵囊到排出新卵囊，只要6～7天。一个卵囊经在鸡体内的无性和有性繁殖，能形成几十万甚至几百万个新卵囊。

15～50日龄的鸡最易感，常暴发；3月龄的鸡也会感染本病。成鸡会感染，但不会发病，成为感染源。南方的春夏季易发生本病，北方夏秋季发病最多。任何品种鸡都易感本病，无明显差别。病鸡、病愈鸡是传染源。其粪便带有球虫卵囊，污染垫料、土壤、饲料、饮水等。通过消化道感染。野鸟、鼠、蝇等昆虫是传播媒介。鸡舍卫生条件差、潮湿闷热、通风不良、青绿饲料缺乏、营养不足或不平衡、缺乏维生素等，会促进和加重感染。

【症状及病变】

1. 急性 雏鸡发病多是急性。病鸡精神委顿，食欲下降，翅膀松垂，羽毛不整，缩颈闭目，畏寒怕冷，喜拥挤在一块，排水样粪便。随着病情的进一步恶化，病鸡精神颓萎，不食，翅垂落，运动不稳，喜饮水，嗉囊内有大量液体，消瘦，排含有少量血液的水样稀粪，鸡冠、肉髯和可视黏膜苍白，泄殖腔四周沾满粪污和羽毛，最后昏迷、衰竭死亡。如感染的是柔嫩艾美尔球虫，排出的粪便为红色或褐红色，最后排出的全是血液。

2. 慢性 青年鸡和成鸡发病，多为慢性，症状不明显，病程几周至几个月。病鸡逐渐消瘦，间或出现轻度腹泻，产蛋量下降，很少死亡，多可耐过康复。

球虫侵袭盲肠，盲肠肿大明显，为正常盲肠的1～3倍，红色或暗红色，内有血液或血凝块，有的混有血液或黄白色干酪样物。球虫侵袭小肠，小肠肿大明显，肠壁变厚，浆膜上有灰白色小斑点，肠黏膜肿胀、棕红色，表面有一层混有小血块的黏性渗出物。

【预 防】

1. 常规预防 ①鸡舍内外每隔2～3天清扫1次，彻底清除粪便、污水、垫料等，加入生石灰等集中密封发酵处理。②笼具、饮水器、料槽和生产用具等每隔3～5天清洗消毒1次。③运动场表土每1～2个月更换1次，然后泼洒20%生石灰水或喷洒球杀灵200倍液，可杀死球虫卵囊等。④高温高湿时鸡场要加强通风换气，保持舍内和垫料干燥。⑤不同年龄的鸡要分开饲养。发病鸡及带虫未发病的鸡均要进行隔离治疗。病重鸡要淘汰。病死鸡要深埋或焚烧。⑥实行全进全出制。⑦供给全价饲料，严防维生素缺乏，适量供给青绿饲料。

2. 西药预防 ①球虫易产生抗药性，用药物进行预防或治疗时不可长期只用几种或1～2类药，应经常轮换用药，以减弱其耐药性。②每千克饲料中拌入0.25～0.5毫克硒，可增强鸡抗球虫能力。③饲料中拌入0.0025%氨丙啉喂肉鸡，整个生长期使用，休药期7

天。④饲料中拌入0.0001%地克珠利（杀球灵），连续用药，休药期2天。⑤1000千克饲料中拌入500克溴氯常山酮（速丹），连续饲喂，无休药期。⑥饲料中拌入0.0125%氯吡多（康乐安），连续饲喂，无休药期。

3. 免疫接种　给鸡接种球虫疫苗，可较好预防球虫病，更无耐药性和药残之虑，应着力推广应用。①鸡球虫弱毒活苗。这类疫苗无致病之忧，安全性高，主要有Paracox、Liva-cox和双重致弱鸡球虫病三价疫苗3种。Paracox疫苗适用于5～9日龄各种鸡的免疫接种，饮水免疫。Liva-cox适用于7～10日龄各种鸡，特别是肉鸡的免疫接种，饮水免疫。双重致弱鸡球虫病三价疫苗可采用拌料和饮水免疫。②鸡球虫强毒活苗。这类疫苗若使用不当或过量使用，可能引起鸡球虫病的暴发，应注意。这类疫苗主要有Coccivac-B、Coccivac-D和Immunocox 3种，适用于4～14日龄鸡的免疫接种，饮水和拌饲免疫。Coccivac-B适用于仔鸡、肉鸡和种鸡；Coccivac-D适用于种鸡和商品蛋鸡；Immunocox有一种适用于仔鸡和肉鸡，另一种适用于种鸡。上述疫苗使用期间，禁止使用任何抗球虫药。

【治　疗】

1. 西药治疗　① 2.5%百球清（妥曲珠利），每升饮水中加入1毫升，连用2天（后备母鸡连用3天）。②氨丙啉，按0.012%～0.024%混饮，连用3天，无休药期。③磺胺氯吡嗪，饮水中加入0.03%，连用3天，休药期4天。④磺胺喹噁啉钠，按0.04%混饮，连用3天，休药期2天。⑤ 0.5%地克珠利粉剂，每千克饲料中拌入1克，连用3天。⑥ 20%尼卡巴嗪，每千克饲料中拌入125毫克，连用3～5天。⑦海南霉素，1000千克饲料中拌入5～7.5克，连用2～3天，肉鸡休药期5天。⑧莫能菌素，1000千克饲料中拌入100～120克，连用2～3天，肉鸡休药期3天。

2. 中草药治疗　①青蒿晒干后研成粉末，拌料喂服，每只每天用药0.5克，连用3～4天。②鲜韭菜150克，捣烂，榨汁备用。鲜旱莲草 10 克，干仙鹤草 30 克，适量水煎取汁，候温后与韭菜汁混合，供 1000 只鸡饮用，每天 2 次，1 天 1 剂，连用 3～5 天。③常山 150 克，加 1 升水煎取汁拌料喂鸡，每天 3 次，1 天 1 剂，连用 4～5 天。④稻谷粉或玉米粉 500 克，吴茱萸粉 50 克，蛇床子粉 150 克，硫黄粉 25 克，混合拌 50 千克精饲料喂鸡，每天 1 剂，连用 6 天。同时用 10 克明矾加水 1 升供鸡饮服，连用 3 天。此方对球虫病继发的禽霍乱、鸡白痢、禽伤寒等有预防效果。⑤干红辣蓼适量，研成粉末，用少量水与适量面粉混合，制成黄豆大药丸。每千克体重用药 2 粒，每天 1 次，连用 2 天。⑥地锦草、凤尾草、马齿苋各 30 克，车前草 15 克，血见愁 60 克（100 只 1 月龄鸡 1 天用药量）。适量水煎取汁，代替饮水，1 天 1 剂，连用 3～4 天。⑦洋葱切细碎，拌料喂服，每次大鸡 5 克、小鸡 2 克，每天 1 次，连用 3 次。也可用洋葱榨汁，将汁与水 1∶1 混合，每次灌服 3.5 毫升，每天 1 次，连用 3 天。⑧凤尾草、鸦胆子、穿心莲各等份。共研成粉末，用蜜调制成黄豆大小药丸，喂服，每次大鸡 3 粒、中鸡 2 粒、小鸡 1 粒，每天 2 次，连用 3 天。⑨烟叶 1 份，水 100 份，先浸泡 24 小时，后煮沸 30 分钟，凉后供鸡饮服，连用 20 天。⑩饲料中拌入 2% 硫黄粉，连喂 2～3 天。⑪地锦草和墨旱莲，两者之比 10 日龄前鸡为 3∶2，10 日龄以上鸡为 2∶3。适量水煎取汁，稀释于一半的日饮用水中，让鸡饮服，1 天 1 剂，5 天为 1 疗程，一般用 1～2 个疗程。⑫黄柏 6 克，大黄 5 克，黄连 4 克，黄芩 15 克，甘草 8 克。共研成粉末，每只每天用药 4 克，分 2 次喂服，连用 3～4 天。⑬大蒜榨汁。每次大鸡 3～4 瓣、小鸡 1～2 瓣，每天喂服 1 次，连用 7～8 天。⑭车前草、地锦草、马齿苋各 60 克（100 只鸡 1 天用药量）。适量水煎取汁，凉后供鸡饮服，1 天 1 剂，连用 3 天，第四天在方中加适量凤尾草和铁苋菜，再用药 1～2 天，治疗效果更好。⑮鲜铁苋菜吊于鸡笼内，让鸡自由取食，连用 6～7 天。⑯贯众 10 克，苦楝皮和黄连各 6 克。适量水煎取汁，雏鸡分 4 次灌服，成鸡分 2 次灌服，每天 2 次，连用 3～5 天。

3. 中西医结合治疗 甘草 35 克，连翘、柴胡各 100 克，石榴皮 60 克，常山 180 克，生石膏 300 克（300 只 47 日龄鸡用药量）。适量水煎取汁，凉后喂服或灌服，每天 1 剂，连用 2～3 天。同时，每天早晨每只鸡灌服氯苯胍 10 毫克，晚上再服 5 毫克，连用 3～5 天。

八、鸡蛔虫病

鸡蛔虫病是一种由寄生于小肠的蠕虫引起的常见寄生虫病，对鸡特别是雏鸡危害大，除影响生长发育和产蛋外，严重时大量蛔虫会阻塞肠道，致鸡大批死亡。

【病原及流行】 鸡蛔虫是一种寄生于鸡肠道内的线虫，属禽蛔科、禽蛔属；成虫肉眼可见，雌虫长 6～11 厘米，雄虫长 5～7 毫米，圆管形，淡黄白色；卵椭圆形或近圆形，深灰色，大小 7.3～9 毫米×4.5～6 毫米。雌虫在鸡小肠内产卵，随粪便排于体外；一条雌虫一天可产卵 7 万余个，数量惊人。排于自然界中的蛔虫卵发育所需温度是 10～39℃，最适 30～33℃；10℃以下，卵停止发育；0℃时，可存活 2 个月。潮湿土壤中的蛔虫卵发育最好，若空气相对湿度低于 80%，则不能发育成有感染性的虫卵。感染性虫卵在湿润的土壤中可存活 6～15 个月。蛔虫卵在阳光直射下会很快死亡，在干燥条件下也存活不了几天，生石灰粉、3% 氢氧化钠溶液等都可杀死虫卵。鸡采食了感染性虫卵就会发生感染，卵在消化道孵化出幼虫，从十二指肠迁入小肠，钻进肠黏膜内，致黏膜出血，不久重新进入肠腔，发育为成虫。成虫多寄生于鸡的小肠内。感染性虫卵从感染鸡到在鸡体内发育为成虫，一般需 35～50 天；雄虫、雌虫在鸡肠道内交配、受精、产卵，受精卵随粪便排于体外，污染土壤、垫料、杂草、饲料、饮水等。病情重的鸡嗉囊、肌胃、盲肠和直肠都有大量蛔虫寄生。病鸡、带虫鸡是传染源。3～9 月龄鸡最易感，以后随日龄的增加其感染性逐渐下降，成鸡很少感染或发病。蛔虫在鸡体内一般生存 9～14 个月，多数生约 1 年，1 年后会随粪便排于体外。鸡舍卫生条件差、潮湿、通风不良等会促进和加重发病。

【症状及病变】 病雏鸡精神不振，食欲下降或不食，生长发育不良，消瘦，羽毛不整，呆钝，鸡冠苍白，下痢或时下痢时便秘；病重鸡排出稀粪，粪便中含有血液和蛔虫体，不久衰竭死亡。成鸡即使感染也多不发病，症状无或不明显，生长不良，轻度消瘦，产蛋量下降和偶尔下痢。

剖开病雏鸡小肠，可发现肠管膨大，黏膜水肿、充血，有的有出血点，内有少量或大量虫体；虫体多时，肠道阻塞、破裂。将病鸡粪漂洗于饱和盐中，可发现水面漂有虫卵。

【预 防】 ①鸡舍内外每隔2～3天要打扫1次，清除粪便、垫料、污水等，集中密封发酵处理。②鸡舍每隔6～7天撒1次生石灰粉或地面泼浇沸水消毒1次。③雏鸡和成鸡要分开饲养。④病鸡、带虫鸡要隔离饲养。⑤雏鸡2月龄进行第一次预防驱虫，第二次秋末驱虫。成鸡于10月份进行第一次预防驱虫，第二次在产蛋前15～20天驱虫。⑥春夏季要重视鸡舍的防潮、降湿和通风，适时换干燥垫料。⑦重视饲料营养的全面、平衡供给，不可忽视维生素的适量添加，以提高抗病力。

【治 疗】

1. 西药治疗 ①驱蛔灵，每千克体重200毫克，拌料一次喂服；也可按0.1%～0.2%混饮。②潮霉素B，每千克饲料中拌入7～12毫克，连用1～2次。③越霉素A，每千克饲料中拌入6～10毫克。④伊维菌素，每千克体重0.2～0.3毫克，一次灌服。⑤阿维菌素，每千克体重0.2～0.3毫克，一次灌服。

2. 中草药治疗 ①木香10克，使君子、乌梅肉各20克。共研成粉末，装入空心胶丸内，成鸡每只灌服6粒，1天1次，连用3天。②石榴皮、南瓜子各75克，槟榔125克。共研成粉末。按2%混饲，空腹喂服，每天2次，连用2～3天。③苦楝子62克，槟榔124克，苦楝根皮46克。共研成粉末，拌入饲料中喂鸡，每只0.8～1克，连用1～2天。④鲜苦楝根皮25克，适量水煎取汁并加入适量红糖，按 1% 混饲，空腹喂服，每天 1 次，连用 2～3 天。⑤甘草 6 克，槟榔 15 克，乌梅肉 10 克。所有药研成粉末，制成药丸，每 500 克体重一次灌服 1 克，每天 2 次。⑥烟叶研成粉末，按 2% 混饲喂鸡，每天上、下午各喂 1 次，连用 6～7 天。⑦使君子 2 份，苦楝根皮 1 份。共研成粉末，加适量面粉制成黄豆粒大小药丸，40～50 日龄鸡每次灌服半粒，60 日龄以上鸡每次灌服 1 粒。⑧成鸡每次灌服生南瓜子 7～9 克，每天 1 次，连用 2 天。⑨石榴根皮适量，加适量水煎取汁并加少许白糖，凉后供鸡自由饮服（饮药液前停水 2～3 小时，停食 1 次），每天 1 次，连用 2～3 天。

九、鸡绦虫病

散养和庭院式养殖的鸡易感染绦虫并发病，特别是雏鸡感染和发病率高，如不及时防控，死亡较多。规模化养鸡场很少发生绦虫病，一般不构成较大危害。

【病原及流行】 寄生于鸡的绦虫有多种，危害最大的有棘沟赖利绦虫、有轮赖利绦虫、节片戴文绦虫和四角赖利绦虫。

刺沟赖利绦虫虫体乳白色或黄白色，带状、扁平，长 85～250 毫米，宽 10～40 毫米，靠吸盘吸附在鸡肠壁上吸取养分，营寄生生活，中间宿主是蚂蚁。

四角赖利绦虫体长 10～250 毫米，中间宿主是蚂蚁。

有轮赖利绦虫体长 10～130 毫米，中间寄主是金龟子、家蝇、步行虫等。

节片戴文绦虫体长 0.5～3 毫米，中间寄主是蛞蝓。

这些绦虫主要寄生在鸡的小肠和十二指肠中，其孕卵节片或卵囊随粪便排于体外，被中间寄主取食后，在消化道释放出六钩蚴，钻入体腔，经 2 周左右生长发育成有感染力的似囊尾蚴；鸡采食了含有似囊尾蚴的中间宿主就会发生感染，似囊尾蚴用吸盘吸附于小肠壁上，经 14～22 天变成绦虫成虫，此时可看到孕节随鸡粪不断向外排放。绦虫孕卵节片在自然界只能生存几天，生石灰等许多常用消毒药可将其杀死；其在中间宿主体内可存活1年左右。

　　鸡、火鸡、珍珠鸡、鸭、鹅、孔雀、野鸡等可感染绦虫。鸡无论品种和日龄大小都会感染和发病，其中以13～40日龄鸡最易感，发病率和死亡率高。鸡因采食了蚂蚁、蛞蝓、旱地螺、金龟子等中间宿主而感染发病。病鸡、带虫鸡是传染源。鸡舍卫生条件差、潮湿、通风不良等有利中间宿主的生长和繁殖，会促发和加重本病。

　　【症状及病变】　雏鸡表现急性肠炎，下痢，不食或少食，精神委顿，两脚软弱无力，行走不稳，有的两脚麻痹，粪便中含有多量带血液的黏液，不久衰竭死亡。其他阶段鸡表现腹泻，逐渐消瘦，贫血，产蛋鸡产蛋下降或停产；绦虫量多时，可引起肠堵塞或肠破裂。有的鸡吸收绦虫代谢产物多时，会引起头颈扭曲、两脚瘫痪等神经性症状。

　　病鸡小肠内可发现绦虫体，有的阻塞肠管，肠壁变厚，肠管内有较多恶臭味黏液，肠黏膜出血、黄染。感染棘沟赖利绦虫的病鸡，肠壁上有黍粒大小的结节，结节中间凹陷。

　　用高倍放大镜检查剖开的小肠或粪便，可发现孕卵节片或虫卵，较易确诊。

　　【预　防】

　　1. 常规预防　①鸡最好不要散养或放牧饲养。②鸡舍内外每隔2～3天打扫1次，彻底清除粪便、垫料、污水等，集中密封发酵处理。③鸡舍内外每隔10～15天喷1次敌百虫等杀虫剂，以杀死蚂蚁、金龟子、步行虫等中间宿主。鸡舍内外和墙沿、墙角等处每隔6～10天撒1次生石灰粉，可驱杀中间宿主。④病鸡隔离饲养，幼鸡和成鸡分开饲养。重病鸡要淘汰。⑤多雨季节要重视鸡舍的防潮降湿和通风换气。

　　2. 西药预防　易发生绦虫病的季节，每1000千克饲料中拌入5克环丙氨嗪喂鸡，长期饲用。

【治疗】

1. 西药治疗 ①灭绦灵，每千克鸡体重一次口服 50～60 毫克。②羟萘酸丁萘脒，每千克鸡体重一次口服 400 毫克。③溴氢酸槟榔素，饮水中按每千克鸡体重添加 1～1.5 毫克供鸡饮服（投药前停饮 15～24 小时）。

2. 中草药治疗 ①烟叶 500 克，加水 2.5 升，煎至取汁 500 毫升，放凉备用。鸡停食 10 小时后每只灌服 4 毫升，3 小时后再供食，6～7 天后再用药 1 次。②槟榔 0.6 克，南瓜子 0.8 克（1 只鸡用药量），共研成粉末，拌少许饲料，一次喂服，用药前禁食 4～5 小时；第 2 天再喂服硫双二氯酚 0.2 克，之后每 2 天用药 1 次，共用药 3 次硫双二氯酚。③槟榔、石榴各 60 克。用 1 升水煎汁，煎至取汁 500 毫升，20 日龄鸡每次灌服 1 毫升，30～40 日龄鸡每次 1.5～2 毫升，成鸡每次 3～4 毫升，连用 2 次。④石榴皮 1 份，雷丸 1 份，槟榔 2 份。共研成粉末，每天早晨喂服 2～3 克，连用 2～3 天。⑤槟榔研成粉末。槟榔粉、温开水、面粉按 5∶4∶1 配比，先将面粉倒入水中拌匀，后倒入槟榔粉拌匀，制成药丸，每丸重 1 克（含槟榔粉 0.5 克），晒干待用。早晨，每千克鸡体重喂服药丸 2 粒，然后让鸡自由饮水，一般用药 1～2 次，间隔 5～6 天。⑥南瓜子，煮沸后打粉，雏鸡每次灌服 8～10 克，成鸡 15～70 克。⑦雷丸研成粉末，成鸡每次灌服 2～4 克。

十、鸡组织滴虫病

鸡组织滴虫病由火鸡组织滴虫寄生于盲肠和肝脏所致，也叫鸡黑头病，雏鸡、雏火鸡和中鸡、中火鸡最易感，发病重，造成的损失大，不可轻视。

【病原及流行】 病原为火鸡组织滴虫，主要侵染鸡、火鸡、鹌鹑等。组织滴虫有 2 种形体存在：组织型原虫，大小 6～20 微米，卵圆形或椭圆形，无鞭毛，寄生于细胞内；肠腔型原虫，大小 5～

30 微米，有鞭毛 1 根，能运动。随鸡粪排于体外的组织滴虫不能长时间存活，鸡如采食了带虫的食物，就会发生感染。感染组织滴虫的鸡如体内寄生有异刺线虫，组织滴虫就会迁入异刺线虫卵内并随卵排于鸡体外。线虫卵中的组织滴虫在自然环境中能存活 2～3 年，如温、湿度等适宜，会发育成具感染性虫卵。鸡采食了感染性虫卵，卵壳被消化，释放出组织滴虫和异刺线虫的幼虫，然后一同迁移至盲肠内生长、繁殖并进入血液中，最后寄生于肝脏。蚯蚓、蟋蟀、百足虫、蚱蜢等可机械传播此虫。病鸡、带虫鸡是传染源。2 周龄至 3～4 月龄鸡易感染，发病后如不及时治疗，会造成大批死亡。成鸡感染多不发病或无明显症状，只是生长发育放缓或产蛋下降，成为带虫者和传染源。此病一年四季都可发生，但以高温高湿的夏秋季发病多而重。鸡舍卫生条件差、通风不良、密度高等会加重发病。

【症状及病变】　此病潜伏期最短 4～5 天，长的 15～20 天。急性病鸡精神委顿，少食或不食，羽毛松乱，怕冷，呆钝，两翅松垂，喜离群呆立，行走不稳，排淡黄或绿色稀粪，有的粪便中有少许血液或血凝块，头部皮肤变成蓝紫色或黑色，俗称"黑头病"，如得不到科学及时的救治，5～10 天会死亡。慢性病鸡食欲下降，逐渐消瘦，生长缓慢，产蛋下降。

病雏鸡盲肠两侧或一侧发炎、肿大或坏死，肠壁变厚，有的盲肠溃疡或穿孔，发生腹膜炎，盲肠内有大量干酪样物，如栓子状。病雏鸡肝脏肿大，表面有不规则圆形的溃疡病灶，颜色淡绿或灰黄色，大小不一，有的病灶会不断融合成较大溃疡块。

取病鸡粪便涂抹于玻片上镜检，如发现虫卵，即可确诊。

【预　防】

1. 常规预防　①鸡舍内外每隔 2～3 天打扫 1 次，清除粪便、污水、垫料和杂草等，集中密封发酵处理。②夏秋季每隔 10～15 天在鸡舍内外喷洒 1 次敌百虫等杀虫剂，可杀灭蟋蟀、蚯蚓、百足虫等媒介害虫。同时，鸡舍内外每隔 6～7 天用生石灰或 3% 氢氧化钠溶液等消毒 1 次。③雏鸡与成鸡等要分开饲养。同一饲养场不可将鸡与火鸡同养。④易发生异刺线虫病的鸡场要定期给药驱虫，以减少或杜绝虫卵传播。⑤病、健鸡要分开饲养，带虫不发病的成鸡也要进行治疗。重病鸡应淘汰。⑥夏秋季，鸡场要勤换垫料，重视防潮降湿和通风工作，始终保持鸡舍的清洁、干燥。

2. 西药预防　①驱虫净，每千克鸡体重口服 40～50 毫克，驱除异刺线虫。②息海泼丁，按 0.05%～0.1% 混饲，连用 14 天。③苯胺硫脲，每千克体重一次性灌服 0.7～1 克。④酚噻嗪，按 0.01%～0.02% 混饮，连用 5～6 天。

【治　疗】

1. 西药治疗　迪美唑，每千克饲料中拌入 0.6 克喂鸡，连用 5 天。

2. 中草药治疗　黄芩、当归、车前子、柴胡、木通、栀子（炒）、生地、龙胆草、泽泻、甘草各 20 克（100 只鸡用药量）。加适量水煎取汁，凉后供鸡一次饮服，重病鸡灌服，每天 1 剂，连用 2 天。给药前，应停止饮水 5～6 个小时。

3. 中西医结合治疗　黄芩 200 克，匍匐堇 300 克，黄连 200 克（500 只 30～40 日龄鸡 1 天用药量）。加适量水煎取汁，供鸡饮服，每天 1 剂，连用 3 天。同时，每千克体重肌内注射硫酸卡那霉素 15 毫克，每天 1 次，连用 3 天。

十一、鸭球虫病

鸭球虫病多发，发病后如不及时防控，会大批死亡，对养鸭业有很大威胁。

【病原及流行】　病原分属艾美尔、温扬和泰泽 3 属，有 10 余种，其中对鸭致病性最强的是毁灭泰泽球虫和菲莱氏温扬球虫，常混合感染引起发病。这两种球虫多寄生于鸭的小肠。鸭球虫的生长、繁殖与鸡球虫大致相同，在此不再赘述。鸭采食或饮入了含有球虫卵囊的土壤、垫料、饲料、昆虫或饮水等就会感染。鸭无论品种、日龄大小都会感染球虫，其中以 2～3 周龄最易感，发病率 25%～40%，病死率 15%～80%，其次是 4～6 周龄鸭，成鸭感染多不发病，成为带虫鸭。雏鸭发病，死亡率较高。网上饲养的鸭多不会染病。病鸭、带虫鸭是传染源。昆虫、鼠是传播媒介。感染途径是消化道。春、夏、秋季发病多而重，冬季一般不会发病。

【症状及病变】 鸭急性感染，3～4 天后出现精神颓萎，不食，口渴喜饮，呆头缩颈，不喜运动，卧伏不愿起，排暗红色或紫红色血便等症状，有的鸭在症状出现当天死亡，有的 2～3 天后死去；能够耐过的鸭，4～5 天后恢复食欲，但生长发育缓慢，成为带虫者。慢性病鸭多无症状或症状不明显，有的间歇性腹泻，是主要的传染源。

毁灭泰泽球虫所致的病鸭，多为急性发病，病鸭小肠肿胀、出血，内有鲜红或淡红色黏液；肠黏膜上有一层奶酪或麦麸样黏液，有的有深红或淡红色血性胶冻样黏液。菲莱氏温扬球虫所致的病鸭，病情多不重，回肠后段和直肠有少许出血，有的回肠后段黏膜上有出血点，直肠稍肿胀或有弥散性轻度出血点。

实验室取病死鸭肠患处少许黏膜，涂抹于玻片上，镜检，如发现较多裂殖体和裂殖子，即可确诊。

【预 防】

1. 常规预防 ①每隔 2～3 天打扫鸭舍内外 1 次，清除粪便、垫料、污水等，集中后撒入 3%～4% 生石灰等进行无害化处理。②鸭舍内外和放牧水体等定期消毒。③肉鸭最好网上饲养。④早晨野外露水干后放牧鸭最好，可减少感染。⑤鸭舍要通风、干燥。多雨季节应注意防潮防湿。⑥适当加喂青绿饲料，严防营养不足、不全面或维生素缺乏。⑦病鸭应隔离饲养。重病鸭要淘汰。病死鸭要深埋或焚烧。耐过鸭也要治疗。⑧春、夏、秋季要抓好蚊、蝇、鼠等的定期防治。

2. 西药预防 ①碘伏，用饮水做 3 000 倍稀释，每周供鸭饮服 1 次。隔 14 天后再让鸭饮服 1 次百毒杀 2 000 倍液。② 50 升饮水中加入适量黄芪多糖口服液（按产品说明书要求使用），每天饮服

2 次，连用 5～6 天，可提高免疫力。③新诺明，按 0.1% 混饲，连用 5 天。④磺胺氯吡嗪，按 0.03% 混饮，连用 3 天。

【治 疗】

1. 西药治疗 ①磺胺六甲氧嘧啶，按 0.1% 混饲，连用 6 天。②克球粉，按 0.05% 混饲，连用 7～10 天。③复方新诺明，按 0.02%～0.04% 混饲，连用 5 天，停药 3 天，再用 5 天，或者连用 10 天。

2. 中草药治疗 ①柴胡、甘草、常山各 150 克。共研成粉末，拌料喂鸭，每只鸭用药 1.5～3 克，每天 2 次，连用 6～7 天。②鲜刺苋菜、地榆、鲜凤尾草、白头翁各 50 克，甘草 20 克，鲜旱莲草、鲜地锦草、鲜铁苋菜各 150 克（100 只鸭 1 天用药量）。适量水煎取汁，凉后供鸭饮服（重病鸭每天灌服 60～100 毫升），每天 1 剂，连用 3 天。③甘草 8 份，黄芩 15 份，黄连 4 份，大黄 5 份，黄柏 6 份。共研成粉末，拌料喂鸭，每只每天 2 克，每天 2 次，连用 2～3 天。

十二、鸭鹅绦虫病

该病近年来发病日趋增多，雏鸭、鹅受害尤其严重，应引起重视。

【病原及流行】 寄生于鸭、鹅的绦虫有多种，常见的有剑带绦虫、膜壳绦虫和片形皱褶绦虫等。这些绦虫主要寄生在鸭、鹅的小肠内，体长 10～30 厘米，中间宿主是剑水蚤，有的中间宿主为淡水螺。鸭、鹅采食了带绦虫的水蚤或淡水螺等就会感染。绦虫用吸盘吸附在鸭、鹅肠黏膜上，经 17～20 天生长发育成成虫。绦虫孕节和虫卵会随鸭、鹅粪便排于体外，虫卵被水蚤或淡水螺取食后，其中的六钩蚴经 25～30 天发育成似囊尾蚴，鸭、鹅取食了水蚤或淡水螺就会感染，如此循环往复。病鸭、鹅及带虫鸭、鹅是传染源。13～120 日龄的鸭、鹅最易感并发病，且发病率和死亡率较高。本病多发生在 4～10 月份。鸭、鹅舍卫生条件差、潮湿、通风不良和放牧水体恶化等会促进和加重发病。

【症状及病变】 病鸭、鹅精神不振，初期食欲下降，后期不食，消瘦，生长发育缓慢或停止，不愿下水，站立不稳，行走摇晃，不时跌倒，排灰白色稀粪，有的粪便中混有白色绦虫节片，最后因过度消瘦和贫血而死亡。

病鸭、鹅小肠卡他性炎症，肠黏膜肿胀、出血，心外膜和其他浆膜组织有小出血点，肝、肾和胆囊肿胀。有的肠管内有大量绦虫体。

剖检时如发现肠管内有绦虫体，就可确诊。疑似病鸭、鹅可挑出 15～20 只分开饲养，灌服槟榔碱或槟榔粉，30～40 分钟后，如排出的粪便中有虫体和绦虫节片，可确诊。也可定期检查鸭、鹅排的新鲜粪便，若发现粪便中有虫卵和节片，也可确诊。

【预　防】 ①鸭、鹅舍每隔 2～3 天打扫 1 次，清除粪便、垫料、污泥、粪水等，集中后加入 3%～5% 生石灰密封发酵处理。②从外面引入的鸭、鹅要隔离饲养 15～20 天并驱虫后才可并群。③鸭、鹅要大小分开饲养。病重鸭、鹅要淘汰。④鸭、鹅舍内外每隔 6～7 天用 20% 生石粉乳或 3% 氢氧化钠等消毒 1 次。⑤鸭、鹅要放养在流动的活水域。如只有死水塘放养，每 667 米² 池塘每隔 6～7 天用生石灰 15～20 千克对水泼洒消毒 1 次。⑥定期进行预防性驱虫。

【防　治】

1. 西药治疗　①氯硝柳胺，每千克体重一次灌服 50～60 毫克。②氢溴酸槟榔碱，每千克体重 1～1.5 毫克，溶于饮水中饮服或灌服（用药前停食 16～20 小时）。

2. 中草药治疗　①生槟榔，每只鸭、鹅 0.5～1 克，适量水煎取汁，凉后每只一次灌服 60 毫升。②槟榔 2 份，雷丸 1 份，石榴皮 1 份。共研成粉末，每天早晨空腹灌服 2～3 克，每天 1 次，连用 2～3 次。③南瓜子，研成粉末。每只用药 25～50 克。每千克南瓜子粉加水 8 升，文火煎煮 1 小时，凉后供自由饮服或灌服。④槟榔、石榴皮各 100 克。加水 1 升，文火煮 1 小时，取汁，加冷开水调至 800 毫升。20 日龄鸭、鹅每次每只 1.2～1.5 毫升，30 日龄 2 毫升，30 日龄以上 2.5 毫升，拌料喂服或灌服。

十三、鸭鹅裂口线虫病

鸭、鹅无论大小都会感染裂口线虫，被裂口线虫寄生的鸭、鹅，特别是雏鸭、鹅，生长发育不良，消瘦，母鹅产蛋量下降或停产，严重的还会死亡。

【病原及流行】 病原为鹅裂口线虫、鸭裂口线虫、锐型裂口线虫和钩棘瓣裂口线虫等，以鹅裂口线虫危害最重，也最多见。鹅裂口线虫寄生于鸭、鹅肌胃角质膜下，致肌胃病变和消化功能紊乱。鹅裂口线虫细长如线，粉红色，体表有横细纹，雄虫大小9～14毫米×0.16～0.19毫米，雌虫大小15.6～21.3毫米×0.27～0.32毫米，雌雄异体，卵近圆形。鹅裂口线虫生长发育无需中间宿主，能独自完成生活史。虫卵随鸭、鹅粪便排于体外，在27～30℃下经24小时卵发育成含幼虫的卵，再过20～24小时卵可孵化出1期幼虫，2天后蜕皮变为2期幼虫，再经3.5～4天蜕变为3期幼虫。3期幼虫活动性强，可爬于野草和淡水螺等上，如被鸭、鹅取食，就会发生感染。鸭、鹅感染后，幼虫会侵入胃腺，经再次蜕皮，再侵入肌胃黏膜并在此生长发育17～22天，最后变成成虫。雏鸭、鹅易感，发病多且重。放养的鸭、鹅易发生感染并发病，室内规模化饲养的鸭、鹅一般不会感染。病鸭、鹅及带虫的鸭、鹅是传染源。本病主要发生于温度较高的夏季和初秋。成年鸭、鹅感染了裂口线虫也多不会发病，症状不明显，成为带虫的传染源。

【症状及病变】 病鸭、鹅精神不振，少食或不食，消化功能紊乱，消瘦，贫血，生长发育不良；重病者严重消瘦，行走无力，运动不稳，后衰竭死亡。成鸭、鹅感染后有少数食欲下降，轻度生长不良，产蛋下降或停产。

剖开病鸭、鹅肌胃可看到一些粉红色小虫体寄生；有的虫已进入角质层内，致角质层坏死和脱落。

【预　防】 ①鸭、鹅舍内外每隔2～3天打扫1次，清除粪便、垫料、杂草、污水等，集中后加入3%～5%生石灰粉密封发酵处理。②鸭鹅舍内外每隔6～7天撒1次生石灰粉或泼洒20%生石灰乳等进行消毒。放养水体每隔7～10天每667米²水面用15～20千克生石灰对水泼洒消毒。③不同日龄的鸭、鹅要分开饲养。鸭、鹅也要分开饲养。④疑似病鸭、鹅要进行治疗，重病鸭、鹅要淘汰。⑤从外面引进的鸭、鹅要分开饲养，并尽快给药驱虫，15～20天后再合群饲养。⑥夏秋季要保持鸭、鹅舍内外的干燥和通风，饮水器、料槽等每隔1～2天要用沸水或3%氢氧化钠溶液等消毒1次。⑦易发病的季节，每隔1～2个月进行1次全群预防性驱虫。

【治　疗】①四氯化碳，20～30日龄鹅，早晨一次空腹1毫升，1～2月龄鹅每次灌服2毫升，2～3月龄鹅每次灌服3毫升，3～4月龄鹅每次灌服4毫升，5月龄鹅每次灌服6～10毫升。②丙硫咪唑，每千克体重25毫克，混入饮水中供饮服。③四咪唑，每千克体重40～50毫克，一次灌服；或按0.01%混饮，连用7天。④酒石酸甲噻嘧啶，每千克体重一次灌服80毫克，每天1次，连用3天。⑤敌百虫，每千克体重一次灌服40毫克，每天1次，连用2～3天。

十四、鸭鹅棘头虫病

棘头虫寄生于鸭、鹅小肠而引发此病，鸡、火鸡、天鹅等也会感染和发病。雏鸭、鹅最易感，导致生长发育不良、消瘦、下痢等，严重的会大批死亡。

【病原及流行】　大多形棘头虫、小多形棘头虫、腊肠状棘头虫和鸭细颈棘头虫是本病病原。大多形棘头虫和小多形棘头虫的中间宿主是各种淡水虾，腊肠状棘头虫中间宿主是淡水蟹，鸭细颈棘头虫的中间宿主是栉水虱。

大多形棘头虫，虫体纺锤形，红黄色；卵圆形；雄虫大小9.2～11毫米×1.3～1.8毫米，雌虫大小12.4～16毫米×1.8～2.5毫米；虫卵大小129～133微米×17～22微米，外壳透明而薄。幼虫前端有钩，大小 53.4～57.8 微米×15.5 微米。

小多形棘头虫，虫体纺锤形，红黄色，虫体比大多形棘头虫小；雌雄虫长度大致相当，平均长 2.79～3.94 毫米；卵纺锤形，大小 107～111 微米×18 微米，内有棘头蚴。

鸭细颈棘头虫，体白色或黄白色，雄虫大小 6～8 毫米×1.4～1.5 毫米，雌虫大小 20～26 毫米×4～4.3 毫米；卵圆形，大小 75～84 微米×27～31 微米，内有幼虫。

腊肠状多形棘头虫，虫体圆柱形，雄虫大小 13～14.6 毫米×3.08～3.7 毫米；虫卵长椭圆形，大小 71～83 微米×30 微米。

虫卵发育成熟后随鸭、鹅粪便排于体外，虾、蟹等中间宿主取食虫卵后，在体内经 55～60 天发育变为棘头体和有感染性的棘头囊，鸭、鹅取食了内有感染性棘头囊的虾、蟹等后，棘头囊在肠道中释出幼虫，附于肠壁上，再经 30 天左右发育成成虫。本病主要发生在夏秋季，呈地方性流行。雏鸭、鹅最易感，常致大批死亡。成年鸭、鹅感染，但不会发病或症状不明显，成为带虫者。病禽、带虫禽及其粪便是传染源。圈养的鸭、鹅一般不会染病。禽舍卫生条件差和潮湿等会促发本病。

【症状及病变】 发病雏鸭、鹅精神委顿，食欲下降或不食，生长发育不良，消瘦，贫血，腹泻，口渴；严重的排出含有血液的稀粪，逐渐衰竭死亡。

棘头虫寄生于鸭、鹅小肠前段，导致肠黏膜卡他性炎症，出血，长出肉芽增生结节，肠壁上附着有许多红黄色虫体；有的虫深入黏膜，穿透肠壁，引发腹膜炎。

剖开小肠可发现虫体，较易诊断。也可用水洗沉淀法等，用高倍放大镜检查是否有纺锤形虫体。

【预　防】 ①鸭、鹅舍内外每隔 2～3 天清扫 1 次，清除粪便、污水、垫料、杂草等，集中密闭发酵处理。②不喂给鸭、鹅生鲜虾蟹及可能污染的水草。③鸭、鹅要分开饲养，雏鸭、鹅与成鸭、鹅也要分开饲养。病鸭、鹅要隔离饲养。重病鸭、鹅要淘汰。④春季开产前要预防性驱虫1次，以后每隔40～60天预防性驱虫1次。⑤从外引入的鸭、鹅要先驱虫，过15～20天后再合群饲养。⑥鸭、鹅应放牧在无污染的水域。污染的池塘每667米² 用茶籽饼15～20千克打碎泡水泼洒于水中，可杀灭虾蟹，过几天后再放牧。

【治　疗】①四氯化碳，每千克体重用胃管一次灌服1毫升。②硝硫氰醚，每千克体重一次灌服120毫克。

十五、鹅球虫病

本病是鹅的常见病。近些年，我国养鹅业发展迅速，此病发生趋多趋重，应引起重视。

【病原及流行】病原为球虫，寄生于鹅的球虫有10余种，其中截形艾美尔球虫寄生于鹅的肾脏，其他的球虫寄生于鹅肠道。鹅很少感染1种球虫，多是混合感染几种球虫。艾美尔球虫对鹅致病力最强，发病最重，死亡率最高。病鹅、带虫鹅是传染源，其排泄的粪便中含有球虫卵囊。消化道是感染途径。鹅若取食了土壤、垫料、青草、饲料、饮水等中的孢子卵囊就会感染。野鸟、蚊、蝇、鼠等是传播媒介。2～11周龄鹅易发生球虫病，最小病鹅6日龄，最大70日龄。3周龄以内的鹅发病最多最重，且发病多为急性，死亡率20%～80%。雏鹅感染，发病率70%～100%。中、成鹅感染球虫也多不发病，成为带虫者。温暖、多雨、潮湿的4～9月份发生此病比其他时期多而重。鹅舍卫生条件差、潮湿、通风不良、饲养密度大和缺乏维生素等会促进和加重发病。

【症状及病变】雏鹅发生肾球虫病，精神委顿，不食或少食，呆滞，翅松垂，消瘦，喜饮、口渴，眼球下陷，腹泻，排白色稀粪，会很快衰竭死去。雏鹅发生肠球虫病，精神不振，不食或少食，反应迟钝，翅松垂，不时甩头，不愿下水运动，离群，腹泻，排红色或暗红色稀粪，严重的所排粪便全为血凝块，肛门和周围羽毛沾满粪污和暗红色排泄物，1～2天内衰竭死亡。

肾球虫病鹅，肾红色或灰黑色，肿大，表面有大小不一的灰白色病灶或出血斑，肾小管内有许多尿酸盐和球虫卵囊的混合物。肠球虫病鹅，小肠肿大，黏膜弥漫性或点状出血，内充满红褐色黏液和肠黏膜脱落物；病程略长的死鹅，肠黏膜出血和坏死小点红白相间，肝肿大，紫红色，胰腺充血、肿大。

刮取急性死鹅肠黏膜的黏液，涂片镜检，若发现有大量裂殖体和裂殖子，即可确诊。

【预　防】

1. 常规预防　①鹅舍内外每隔 2～3 天打扫 1 次，清除粪便、垫料、污泥、粪水等，集中后加入 3%～5% 生石灰粉密闭发酵处理。②鹅舍内外和放牧水体每隔 5～7 天消毒 1 次，病时每隔 1～2 天消毒 1 次（具体消毒方法参见鸡球虫病相关内容）。③大小鹅应分开饲养。病鹅、带虫鹅要隔离饲养。不发病的带虫鹅也要治疗。病重鹅建议淘汰。病死鹅深埋或焚烧。④多雨潮湿时，每 2～3 天更换垫料 1 次，同时加强通风换气工作。⑤投喂洗净的青草料，禁喂不洁青草料。⑥投喂营养全面、平衡的饲料，严防缺素症的发生。⑦雏鹅网上饲养，可大大降低感染和发病率。

2. 西药预防　为防球虫产生抗药性，应轮换用药。①氨丙啉，每千克饲料中拌入 150～200 毫克混饲，连用 7 天。②复方磺胺甲基异噁唑，按 0.02% 混饲，连用 3～5 天。③氯苯胍，每千克饲料中拌入 120 毫克混饲，连用 6～10 天。④球虫净，每千克饲料中拌入 125 毫克混饲，连用 4～5 天。⑤克球多，每千克饲料中拌入 100～125 毫克混饲，连用 5～7 天。

【治　疗】　①地克珠利，每升饮水中加入 0.5～1 毫克混饲，连用 5～6 天。②球虫宁，每千克饲料中拌入 200 毫克混饲，连用 5～6 天。③克球多，每千克饲料中拌入 250 毫克混饲，连用 3～5 天。④球立清，100 升饮水中加入 1 瓶，连用 3～5 天。

第六章
营养代谢性疾病及普通病

一、啄　癖

　　家禽啄癖并不鲜见，有啄羽、啄肛、啄蛋等多种，对生长、产蛋等有较大影响，严重的会因伤口继发感染而死亡。

　　【病　因】

　　1. 营养问题　日粮中蛋白质不足、缺乏必需的一些氨基酸、钙磷比例失调和不足、维生素缺乏或不足、矿物质缺乏或不足、饮水供给不足或不及时、缺乏青绿和粗纤维饲料、饲料含盐量过高或不足等，易引发啄癖。

　　2. 环境问题　禽舍潮湿、卫生条件差、闷热、饲养密度高、通风不良、光照不足或过强、不良干扰频繁、禽笼过小或不适、母禽产蛋后得不到较好休息等，易发生啄癖。

　　3. 管理问题　不同品种、不同日龄、不同强弱、雄雌配比不适、饲喂不准时或忽多忽少、突然更换饲料，各种操作粗放、乱合群、不勤捡蛋等，会促发啄癖。地方品种禽最易发生啄癖。

　　4. 疾病问题　家禽体表感染寄生虫，痒痛不止，心神不安，会引起自啄和它啄。体内寄生虫进入池殖腔等，刺激努责，易引发脱肛而招致啄肛。家禽发生细菌性等疾病，引发腹膜炎、输卵管炎和子宫炎等，发生脱肛，引发啄肛。家禽由于各种原因致性成熟过早或推迟等，内分泌紊乱，会引发啄癖。家禽发生病原性或生理性皮炎等，亦会引发自啄或它啄。

【症　状】　啄羽主要有自啄、群啄等，以啄背羽、翅羽、颈羽和尾羽为主，严重的几乎啄成"裸体"。啄肉主要是啄背、啄头、啄冠、啄眼、啄趾等，有的啄得皮开肉烂，鲜血淋漓。啄蛋就是将好蛋啄烂或吞食，产蛋高峰期最甚。啄肛就是啄肛门和脱肠，受损伤重的禽会死亡或继发染病衰弱。还有的禽喜啄砖块、木头等。病禽食欲下降，精神不振，渐渐消瘦。

【预　防】　①有啄癖的家禽应隔离笼养，受伤禽也要单独隔离饲养。②投喂营养全面、平衡的饲料。重视青绿饲料和粗纤维饲料的投喂。合理补充各种维生素、氨基酸和矿物质。③禽舍每隔1～2天打扫1次，将粪便、尘土、羽毛、垫料等清除干净。加强通风换气和除湿、降温工作，创造禽宜居环境条件。④饲养密度要适中，严防高密度饲养。散养鸡每群以150～200只为适，圈养鸡每群以200～250只为宜。⑤给雏鸡断喙，可较好控制啄癖的发生。对1日龄雏鸡用专用断喙剪或电烙铁等断喙。⑥禽舍的光照强度和长短应科学、适度，既不能太强、太长，也不能太暗、太短。⑦饲料中的食盐含量以0.2%～0.3%为宜。⑧定期用药物驱杀体内外寄生虫。⑨充足供给饮水，特别是夏秋季不可缺水。⑩不同种类、品种、日龄的禽也要分开饲养。

【治　疗】

1. 西药治疗　①不明原因的鸡啄癖，可在100只成鸡或1000只雏鸡日粮中拌入硫酸铜、氯化钴、硫酸锰、硫酸亚铁各1克，石膏10克，碘化钾0.5克，连用2～3天。②啄癖停，按每千克体重每天3克，拌料喂服，连用3天。③治疗啄肛，可在饮水中加入1.2%食盐，于上午10时至下午1时供饮3个小时，然后充足供给饮水，连用3天。饲料中加入1%～1.5%食盐，连喂3～4天，同时充足供给饮水，可防控鸡啄肛、啄翅和啄趾。④治疗啄羽，可在日粮中添加0.6%～1%氨基酸，或在日粮中拌入2%石膏粉。在日粮中拌入2%～3%羽毛粉，连喂4～5天。在饮水中加入0.2%蛋氨酸，连用

5～7天，后改为在饲料中拌入0.1%蛋氨酸，连用1周。⑤及时捡蛋，可有效控制啄蛋的发生。发生啄蛋时，要在日粮中适当增加蛋白质、钙和氨基酸等。饲料中拌入2%～3%蛋壳粉，连用6～7天。⑥家禽有外伤时，在患部涂1%龙胆紫药水，可减少啄伤口。

2. 中草药治疗 ①蛋鸡每只每天喂50克煮熟的蚯蚓，连用4～5天，可有效降低或杜绝啄蛋。②甘草、浙贝母、五味子各6克，钩藤、茯苓各8克，栀子、远志各10克（10只鸡1次用药量）。加适量水煎取汁，凉后供鸡饮服，每天3次，连用2～5天。③远志、槟榔、神曲各8克，贝壳（研碎）、生姜各5克，当归10克。加水200毫升煎汁，煎至40毫升，加入少许白糖，一次灌服，鸡15毫升、鸭18～20毫升、鹅30毫升，每天3次，连用2～3天。④鸭啄癖，可在饲料中加入5%芥末，连喂3～4天。⑤每只鸭每天用石膏粉2克、维生素$B_2$10～20毫克拌入饲料中，连喂4天。

二、中 暑

家禽一旦中暑，从发病到死亡一般1～6小时，最短的几分钟。一般呈散发，幼禽和产蛋禽发病率高，损失大。多数病禽表现为精神沉郁、食欲减退、软脚、呼吸困难，有的突然发病死亡；有的头天吃饱进舍，第二天清早即出现不少死亡；有的鸭和鹅死在放牧途中或水中。

【病　因】 炎热的高温季节，如果禽群饲养密度大、禽舍通风不良、潮湿、闷热又无降温防暑设施，家禽长时间置于高温环境，容易发生热射病；鸭、鹅长时间放牧暴晒于烈日之下或灼热地上或浅水中，容易发生日射病；天气晴雨不定，鸭、鹅在烈日下放牧时突然被雨淋湿后，又立即赶进禽舍，也会引起中暑。暑热天长途运输家禽，如装运不合理、饮水不足，可激发本病。维生素C缺乏和饮水不足时，易促进本病发生。高温季节家禽饲料营养水平相对缺乏或搭配不合理，尤其是维生素、电解质比例失调，也是导致热应激发生的重要原因。

【症状及病变】 鸡中暑表现为呼吸急促，张口气喘，两翅张开，饮水量剧增，采食量减少；重者脚软、不能站立、虚脱、惊厥死亡，且多为肥胖大鸡，嗉囊内有大量积液。病鸭、鹅一般表现烦躁不安，战栗，两翅张开，走路摇摆，站立不稳，呼吸急促，体温升高，跌倒在地上翻滚，两脚朝天，在水中时扑打翅膀，最后昏迷、麻痹、痉挛死亡。

剖检可见中暑禽大脑实质及脑膜不同程度充血、出血；热射病家禽可见血凝不良，全身静脉淤血。

【预 防】

1. 常规预防 ①防暑降温。加强禽舍内通风换气，保证空气新鲜，有条件的可安装排气扇、吊扇。在禽舍周围栽植阔叶树木或搭遮阳棚，窗户也要遮阳，避免阳光直射舍内。向禽舍房顶直接喷水或向禽体直接喷雾，每天1～2次（下午2时左右，晚上7时左右）。②降低禽群密度。一般鸡群笼养减少20%，平养成鸡由每平方米6～7只减少为4～5只，雏鸡、鸭每平方米15～25只，成鸭每平方米4～5只，雏鹅每平方米7～8只，成鹅每平方米2～3只。鸡群规模以150～200只为宜。③高温季节家禽饮水量是平时的7～8倍，要保证全天水的供应。为有效控制热应激发生，可在饮水中加入0.15%～0.3%氯化钾、0.5%碳酸氢钠（小苏打）和1.5%～2%维生素C。碳酸氢钠对热应激的禽血液中二氧化碳和pH值的维持起到重要作用，并能减少次品蛋1%～2%，提高产蛋率2%～3%，提高日粮中蛋白质利用率。④高温情况下，要适当调整饲料营养水平，提高日粮蛋白/能量比，理想的方法是用脂肪来代替碳水化合物。预防热应激可在饲料中添加2%～3%脂肪，产蛋禽在日粮中加喂1.5%动物脂肪，能增强饲料适口性，对提高产蛋率和饲料转化率有良好效果；为抗脂肪氧化变质，应同时加入乙氧喹类等抗氧化剂。为提高蛋白质的利用率，可在日粮中每天添加蛋氨酸360毫克、赖氨酸720毫克，粗蛋白质可提高到18%。⑤为增强抗应激能力，日粮中应加倍补充 B 族维生素和维生素 E。同时在饲料中添加 0.004%～0.01% 杆菌肽锌，可降低热应激，提高饲料转化率。⑥坚持每天清洗饮水设备，定期消毒。及时清理禽粪，消灭蚊、蝇。改进饲喂方式，以早晚为主。减少对家禽的惊扰。控制人员、车辆出入，防止病原菌传入。夏天放牧应早出晚归，避免中午放牧或在晒热的浅水中放牧。应选择凉爽地方放牧，也不要在灼热的地面上行走。炎夏夜间鸭、鹅群可不进舍，在舍外凉爽处休息。⑦高温时，不定时让家禽饮用 5%～10% 绿豆糖水和维生素 C 溶液。鸡可任其自饮喂口服补液盐（氯化钠 3.5 克、氯化钾 1.5 克、碳酸氢钠 2.5 克、葡萄糖 20 克，将上述药品溶于 1 升蒸馏水中即可），重症者灌服，每次每只 10～15 毫升，每天 3～4 次，连用 3～5 天。也可每升饮水中加入维生素 C 200～300 毫克。

2. 中草药预防　①大蒜素具有抗菌杀虫、促进采食、帮助消化和激活免疫系统等作用，可在饲料中按说明添加使用。②将生石膏研成细末，按 0.3%～1% 混饲，有解热清胃火之效，对禽暑热症及热应激症颇为有效。③滑石 60 克，薄荷 10 克，藿香 10 克，佩兰 10 克，苍术 10 克，党参 15 克，金银花 10 克，连翘 15 克，栀子 10 克，生石膏 60 克，甘草 10 克。粉碎过 100 目筛混匀，按 1% 混饲，每日 1 次，上午 10 时喂禽，可连续使用，直到度过炎热暑天。

【治　疗】

1. 西药治疗　①禽群发生中暑时，应立即进行急救，将禽群（鸭、鹅）赶入水中降温，或赶到阴凉的地方，给予充足清洁饮水，并用冷水喷淋头部及全身；个别病禽还可放在冷水里浸浴 4～5 分钟，然后喂服酸梅加冬瓜水或 3%～5% 红糖水解暑。②少量鸭、鹅发病时，可口服 2%～3% 冷盐水，也可用冷水灌肠（灌肠时如体温很高，不宜降温太快）；病重的小鸭、鹅每羽可喂人丹半粒，同时针刺翼脉、脚盘穴；中暑严重的鸭、鹅可放脚趾静脉血数滴。

2. 中草药治疗　①甘草、鱼腥草、金银花、生地、香薷各等份煎水内服，上述药每只鸡、鸭按干品 0.5 克量，每天 1 剂，连服 2 剂。

②藿香、金银花、板蓝根、苍术、龙胆草各等份，混合研末，按1%混饲，连用2～3天。③十滴水疗法。每只鸡、鸭用十滴水0.2～0.5毫升混入冷水喂服。④用大蒜、薄荷少许煎汁，拌入粉料中灌服。⑤黄芩、薄荷各30克，连翘、玄参各35克，朱砂10克，茯神40克，雄黄15克。共研成粉末，用5升开水冲泡，凉后供100只鸡饮服。⑥甘草、麦冬各10克，淡竹叶15克，生石膏30克。石膏加适量水磨，其他药适量水煎取汁，与石膏水混合供鸡饮服，每只每次2～3毫升，连用3次。⑦淡竹叶120克，薄荷、葛根各140克，甘草40克，滑石60克。共研成粉末，拌料喂鸡，成鸡每天1克，雏鸡用量减半。⑧岩薷香、香薷各120克，甘草40克，白扁豆（生）140克，滑石80克。共研成粉末，拌料喂禽，每只每天用药鸡1克、鸭2克、鹅3克。⑨每只鸡一次灌服人丹4～5粒。⑩绿豆10份，甘草3份，薄荷1份。适量水煎汁，凉后供禽饮服。

三、脂肪肝综合征

笼养母鸡或圈养的母鸭等易发生本病，公禽较少发生本病。病禽肥胖，肝脏、腹腔和皮下堆积大量脂肪，有的肝脏因脂肪沉积太多而脆变，小血管破裂、出血，产蛋量下降10%～14%，病死率30%～40%。

【病　因】　重型品种禽比轻型品种禽发病多。高产母禽比低产母禽发病重。长期喂给高能量、低蛋白质饲料，过量喂饲，加上缺少运动，禽体内的脂肪会较快积累，诱发本病。饲养密度高、禽舍通风不良、气候频变、光照不适、惊吓等，会促发此病。

【症状及病变】　肥胖和重型产蛋禽易发生此病。产蛋鸡体重超正常体重25%，产蛋就会出现很大波动，产蛋率会从70%～80%快速下降到30%～40%，严重的只有10%～15%。病鸡从发病到死亡时间为24小时内。病禽精神不振，体笨，喜伏卧，不愿运动，食欲下降，冠苍白，体温无变化，腹部有厚实的脂肪，肉髯色淡或发绀，排黄绿色水样稀粪，当因捕捉、惊吓、追赶等引起剧烈挣扎时，会发生突然死亡。

病死禽腹腔和肝脏沉积大量脂肪，肝脏脆化，血管破裂、出血，腹腔内有血凝块，皮下、肠系膜、心包外、心冠状沟等处堆积有大量浅黄色脂肪。

【预　防】　①为防母禽产蛋前积累脂肪过多，日粮中应适当降低能量饲料比例，提高蛋白质含量。尽量不用粉料和颗粒料，增加一些粗饲料的投喂。②饲料中有足够量的含硫氨基酸和胆碱。③每20千克饲料中拌入5克多种维生素。④每100只鸡每天下午3～5时投喂1千克蛋壳或贝壳碎片等。⑤产蛋鸡、鸭日粮中加入适量酒槽或麦麸。⑥产蛋期的鸡，每天光照以16小时左右为好。人工光照晚上10点半要停止。⑦对较肥胖的产蛋禽，要适当降低日粮的饲喂量或饲喂次数。⑧禽舍应保持干燥、通风、温度适宜、无噪音等。

【治　疗】　①产蛋鸡、鸭日粮中粗蛋白质含量提高1%～2%。②每天投喂1次青绿饲料。③每1000千克饲料拌入胆碱60克、硫酸铜63克、维生素 B_1 23毫克、维生素 E 5500国际单位、蛋氨酸500克、维生素 C 粉500克，连用7～10天。④日粮中拌入水飞蓟素1.5%，连用15～20天。⑤日粮中10%的玉米改用麦麸。⑥病重鸡、鸭群，每1000千克饲料拌入肌醇900克，连用12～15天。

四、输卵管脱垂

初产母禽和高产母禽易发生此病，输卵管脱于肛门之外，易引起细菌感染，不但会引起产蛋量下降，而且还可能因败血症而死亡。

【病　因】　初产禽输卵管还在发育中，尚未最终成形，输卵管较紧，而蛋相对较大，易发生本病。高产禽产蛋比一般禽多，输卵管黏膜润滑物分泌相对下降和不足，产蛋时摩擦力增加，易引发本病。有的禽由于多种因素的作用，偶尔会产超大蛋，不得不过度努责，引起输卵管脱垂。家禽营养过剩、缺乏运动、过于肥胖等，肛门周围组织弹性下降，输卵管不能及时复位，易引发此病。如输卵管或肛门有炎症，为排除其内的炎性渗出物，禽会不时努责，引发本病。营养不平衡和维生素供应不足等，输卵管和肛门周围组织弹性下降，也会引起输卵管脱垂。

【症状及病变】 病禽精神烦躁，食欲下降或少食，羽毛光泽性下降，不愿运动；水禽不愿下水、怕冷；输卵管脱于肛门之外，发红，水肿，继续发展则肿胀，淤血，沾有污物等；若发生细菌感染，输卵管会发炎、化脓、溃烂、坏死，引发败血症。脱垂的输卵管易被其他禽啄食，致破烂出血，极易引起病菌感染，使病情复杂化。

【预　防】 ①产蛋禽要供给全价料，适当控制能量高的饲料用量，适量多喂青绿饲料。②产蛋禽有条件的要适当运动，严防肥胖和体重超标。③适当降低饲养密度。适时适量供给维生素，严防发生缺素症。④仔母鸡应在6～10日龄时断喙，以防相互啄食。⑤重病禽和发生严重输卵管炎、泄殖腔炎的禽要淘汰。⑥发生输卵管脱垂的家禽应隔离饲养和治疗，康复后再合群。

【治　疗】

1. 西药治疗　①病初用2%明矾水或0.1%高锰酸钾液清洗脱出部位，再送复于腹腔内，后用软绳捆住两脚倒挂1.5～2个小时，每天1次，连用2～3次。②重病禽先用上述药液清洗脱出部位，再用10%普鲁卡因溶液进行局部麻醉，用消毒针刺破水肿，后再还纳复位，肛门做荷包缝合（留1个小指大小的孔），然后注射少许抗生素，2～3天后拆线。③每升饮水中加入卵康素100克，每天饮服2次，连用3～5天。④对于脱肛的禽，先剪去肛门四周羽毛，接着用0.1%高锰酸钾或0.1%新洁尔灭溶液清洗脱出部位，再用手指将泄殖腔纳复，不要马上抽出手指，以刺激禽努责排出粪便，感觉有粪便时再抽出手，让其排便，如此重复1～2次，最后另一只手持针从泄殖腔两侧壁进针，刺深2厘米，各注射75%酒精0.7～1毫升，一般一次可治愈。

2. 中草药治疗　①黄柏、防风、薄荷、苦参、荆芥各 12 克，花椒 3 克。适量水煎 2 次，合并 2 次煎汁，凉后清洗脱垂的输卵管或肛门，后纳复。②金银花、半边莲、龙葵各 10 克。适量水煎汁，取汁，凉后 1/4 供禽饮服，3/4 清洗患部，每天 2 次，每天 1 剂，连用 1～2 天。

五、产蛋鸡缺钙

产蛋鸡缺钙，会出现产蛋减少及蛋壳变薄、易破，严重时产软壳蛋、无壳蛋和骨质变脆易骨折等。

【病　因】鸡蛋壳形成所需的钙约 25% 来自骨髓，75% 来源于饲料。饲料中钙的吸收率为 50%～60%，一般每产 1 个蛋需钙 4.4～4.6 克。提高母鸡的产蛋量和降低蛋的破损率，饲料是决定蛋壳质量和强度的主要因素。母鸡在开产前半个月骨骼中钙的沉积加强，所以，要从 4 月龄起或在产蛋率 5% 时开始喂含较高钙量的配合饲料。产蛋鸡日粮中钙含量以 3.2%～3.5% 为最佳；高温或产蛋率达 75%～80% 时，钙含量可增加到 3.6%～3.8%，短期内增加到 4% 可使蛋壳变厚，再高则对产蛋不利。饲料中若含钙量不足，会促进母鸡吃料，消耗过多饲料，增加成本，同时母鸡体重增加，肝脏等脂肪沉积增多，影响产蛋量。饲料中如钙含量达超饱和态，就会使鸡食欲减退，在体内形成钙盐沉积于肾脏，妨碍尿酸的排出，严重的造成痛风病等，如不及时治疗，鸡会陆续死亡。钙与日粮中代谢能之间有一定的关联，日粮代谢能高（12 970 千焦 / 千克以上），则含钙量也高（4.1%～4.6%）；若代谢能低（11 506 千焦 / 千克以下），则钙的水平亦低（3.2%～3.7%）。

母鸡最佳的补钙时间是 12～20 时，让母鸡自由补钙时，其能自我调节补钙量，如在蛋壳形成期间补钙量为正常情况的 92%，而在非形成蛋壳期间补钙量只有 68%。体重较轻、吃料又少的母鸡，要适当多喂些钙。

鸡对动物性钙源吸收最好，植物性钙源吸收最差。经高温消毒的蛋壳是最好的钙源。日粮中钙源以贝壳占 2/3、石灰石占 1/3 时，蛋壳强度最好。

以下情况易影响产蛋鸡钙的吸收：①饲料钙含量不足而又不能自由觅食到沙粒时，会引起钙缺乏症；②维生素 D 对蛋鸡有重要影响，它能促进钙的吸收，保持钙磷的平衡和在骨骼上的沉积；③饲料中钙磷的比例对钙吸收有很大影响；磷过多会影响钙的吸收，当钙磷比例保持在 2～1.5∶1 时对两者的吸收最有利。钙、磷和维生素 D_3 的含量比例对蛋壳强度有影响，以钙 3.0%～3.5%、磷 0.45% 为最佳，而维生素 D_3 的标准以维生素 A 标准的 10%～12% 为最好。钙决定蛋壳的脆性，磷决定蛋壳的弹性；④饲料中有过多的脂肪酸和草酸，会与钙结合成不溶性的钙盐，影响钙的吸收；⑤慢性下痢会使钙吸收减少；⑥长期圈养且缺乏光照，同时补充钙质较少，也会出现钙缺乏。

【防　治】　关键是加强饲养管理，调整饲料中营养成分的比例，注意添加鱼粉、骨粉、贝壳粉、蛋壳粉或石粉等，以保证钙的适当含量。产蛋鸡从 18 周龄起，贝壳粉增加到 2%；20 周龄后进入产蛋期，饲料中骨粉含量要达 1.5%，贝壳粉 5.5%；38 周龄后和天气炎热时，贝壳粉的含量可增加到 6.5%，离地饲养的蛋鸡产蛋率达 80% 时，日粮中钙含量要达 3.5%；产蛋率小于 80% 大于 65% 时，钙含量为 3.4%；产蛋率小于 65% 时，钙含量为 3.2%。此外，可在饲料中适当添加多维素，必要时也可适量加入鱼肝油，亦可适当让鸡多晒太阳或用紫外线灯照射，以增加维生素 D 源。凡能增加肠道酸度的因素都利于钙盐的溶解而促进钙的吸收。要特别提醒的是，在防止缺钙和补充钙质时，应防止补钙过多。

六、肉鸡猝死综合征

本病一年四季都可发生，以肉用仔鸡、肉用种鸡发病为主，

1～8周龄的肉用仔鸡发病率最高，产蛋鸡和火鸡也时有发生，死亡率5%～50%。此病显著特点是发病急，病鸡突然发病死亡。惊吓、天气突变、饲喂不当和噪音等会加重病鸡群的死亡率。

【病　因】　随着日粮营养浓度增高，肉鸡猝死率也会随之增加。日粮以玉米和豆粉为主的比以小麦、豆粕为主的肉鸡猝死率低。日粮中能量饲料为动物脂肪时，肉鸡猝死综合征的发病率会显著增高，而使用菜籽油等植物油为能量饲料，发病率明显减少。饲喂颗粒饲料的比饲喂粉状饲料的肉鸡生长快，猝死率也高。饲喂高蛋白的日粮，肉鸡猝死的发病率会明显增多。日粮中脂肪缺乏，此病的发生率亦会增高。日粮中维生素A、维生素D、维生素E等不足或缺乏，都会加重本病的发生。日粮中含高葡萄糖，发病率增高。肉鸡群中，公鸡猝死综合征的发病率比母鸡要高，达总猝死率的50%～60%。地方鸡品种和土杂鸡比外来鸡品种发病少，肉鸡生长越快，本病的发生越多。鸡群密度过大、抓捕、噪音和不良天气等应激因素，会加重本病的发生。连续的长光照，也会加重发病。

【症状及病变】　病鸡突然（数秒或几分钟）发病，生前无任何先兆病症，身体失去平衡，倒地后仰卧或腹卧，剧烈扑打双翅，肌肉痉挛，连续发出"嘎嘎"声，很快死亡，80%两脚朝天。病死鸡多为发育良好、肌肉丰满、生长快、体重超标的鸡。

剖检病鸡，可见嗉囊及肌胃充满饲料，心脏扩大、心肌松软，肺部淤血，肝脏稍肿大，腹膜和肠系膜血管充血和静脉怒张。

【预　防】　①饲料中的能量饲料用葵花子油等植物油代替动物性脂肪。②肉鸡的饲养过程中尽量减少注射、噪音、抓捕和不良环境等引起的应激反应。③适当降低饲养密度。④3～20日龄肉用仔鸡可进行适度的限制性饲养，将日粮中蛋白质含量降至19%～20%，对防控本病有很好效果。⑤适当减少光照时间，0～3周龄光照时间控制在12～16小时，22～42日龄控制在18小时，42日龄后每天光照20小时，光照强度控制在0.5～2勒。⑥用粉状饲料代替颗粒饲料饲喂肉鸡。⑦每千克饲料添加生物素150微克。

⑧在日粮中添加维生素 A、维生素 D、维生素 E、复合维生素 B 和硒制剂，添加量为常用量的 2 倍。

【治　疗】　①发现患鸡后，应尽快让鸡群饮用 0.62 克 / 升碳酸氢钾水，或每 1 000 千克饲料添加 3.6 千克碳酸氢钾，可大大降低死亡率。②按使用说明书要求使用速补 –14，连用 5～7 天。

七、肉仔鸡腹水综合征

2～6 周龄生长快的肉鸡易发生腹水综合征，发病率 5%～50%，病死率 20%～60%，是肉鸡养殖的重要威胁。

【病　因】　新陈代谢旺盛又生长快的肉仔鸡发病最多。公仔鸡比母仔鸡发病多。冬春季低温寒冷时期，此病发生多而重。禽舍饲养密度高、通风不良、卫生条件差、有害气体多等，会加重发病。海拔高、空气稀薄和含氧低等地，肉仔鸡也易发生本病。高能量日粮会促进肉仔鸡腹水综合征的发生。饲料和饮水中含盐过多、饲料霉变、缺乏维生素和矿物质及患某些疾病等，都会诱发此病。

【症状及病变】　病鸡精神颓萎，不食或少食，羽毛松乱，站立和行走艰难，闭目呆钝，腹部膨大，呼吸困难，皮肤薄而发亮，鸡冠变紫或紫红色，排黄白色或白色稀粪，出现腹水后 2～3 天死亡。

病鸡腹腔内有血红色、透明积液，内含纤维蛋白凝块。心脏变大 1～2 倍，内有积液，心肌变厚并软化，内有血凝块。肝脏肿大、脆变，后期硬化、变小，色浅，切面看不到正常组织结构。肺水肿、淤血。心包炎，气囊炎。肾肿胀、淤血。肠暗红色，淤血广泛。

【预　防】

1. 常规预防　①鸡舍应通风、保温、干燥。春季要重视防潮降湿。夏季抓好防暑降温。冬季做好增温、保温、防寒工作。②鸡舍每隔 2～3 天打扫 1 次，清除粪便、污物等，集中密封发酵处理。垫料每隔 3～5 天更换 1 次。③对生长过快的仔鸡要进行控制，适当限饲，从 10 日龄起每天减饲 10%，持续 14～15 天，之后回归常规投饲。④仔鸡 20 日龄前投喂较低能量日粮，1～3 周龄粗蛋白质 20%～21%，代谢能每千克 11.9～12.33 兆焦；4～6 周龄粗蛋白质 18%～19.5%，代谢能每千克 12.54～12.75 兆焦；7 周龄至出笼粗蛋白质 13%，代谢能每千克 12.75～12.96 兆焦。⑤ 14～20 日龄鸡投喂粉料，22～30 日龄至出笼投喂颗粒料。⑥采取间歇性光照。14～20 日龄鸡晚上光照 1 小时，黑暗 3 小时；28～35 日龄鸡光照 1 小时，黑暗 2 小时；40 日龄鸡至出笼光照 2 小时，黑暗 1 小时。⑦每千克日粮中添加维生素 C 450～500 毫克，维生素 E 24 毫克。⑧高海拔地区养肉鸡，应在每千克饲料中添加硒 0.15 毫克。⑨日粮中适量添加胆碱、精氨酸等。⑩补充矿物质。饲料中钙的适当含量为 0.9%～1.1%，磷 0.7%～0.8%，食盐不超过 0.5%。⑪饲养小型品种鸡比饲养大型品种鸡腹水症发生少。

2. 中草药预防　黄芪 10 克，白术、陈皮、茯苓、茵陈、丹参各 50 克。加适量水煎取汁，凉后供雏鸡饮服，每天 1 剂，连用 3 天，预防保护率高达 100%。

【治　疗】

1. 西药治疗　①氢氯噻嗪（双氢克尿噻），按 0.015% 混饲，每天 2 次，连用 3 天。② 50% 葡萄糖溶液，每只每次灌服 4～5 毫升，每天 2 次，连用 3～5 天。③ 0.1% 亚硒酸钠，皮下注射，每次 0.1 毫升，每天 1～2 次，连用 2～3 天。④维生素 C，1 000 千克饲料中拌入 500 克，连用 7～10 天。⑤碳酸氢钠，饲料中拌入 1%，连用 7～10 天。⑥碳酸氢钾，每升饮水中加入 1 000 毫克，连用 6～7 天。⑦维生素 E，每千克饲料拌入 100 毫克，连用 7～10 天。⑧用无菌针抽出病鸡腹腔的积液，然后肌内注射 0.05% 普鲁卡因青霉素 0.2～0.3 毫升，或链霉素 2 万单位，同时饮用维生素 C 0.05% 溶液。

2. 中草药治疗　①大枣、茯苓、木香、姜皮、白术、桑白皮、泽泻、木瓜、干姜、厚朴、大腹皮各 1 份，甘草 1 份，龙胆草、绵茵陈各 2 份。加适量水煎汁，取汁，凉后供鸡每天 3 次饮服或灌服，连用 3 天。用药量为每只每天相当于 2～3 克生药的药汁。②黄芪

20克，白术、陈皮、茵陈、丹参、茯苓各100克（50只雏鸡1天用药量）。加适量水煎取汁，凉后一次饮服，每天1剂，连用3天。③泽泻、黄芪各50克，肉桂、党参各60克，糯米85克，大黄120克（后下），芫花45克，甘草梢40克（100只35～50日龄鸡1天用药量）。共磨碎，加水10升煎汁，取汁，凉后供鸡饮服，药渣拌料喂服，每天1剂，连用2～3天。④炙甘草、党参、茯苓、炮姜各65克，炮附子75克，制甘遂50克，白术60克，芍药55克（100只35～50日龄鸡1天用药量）。加适量水煎取汁，凉后供鸡饮服，每天1剂，连用2～3天。⑤黄芪、茯苓各60克，车前子、桑白皮、大腹皮、木通、泽泻、陈皮各30克，桂枝、猪苓各20克（此为100只仔鸡1天用药量）。加适量水煎汁，取汁，凉后供鸡早晚各饮服1次，每天1剂，连用2～3天。

八、笼养蛋鸡产蛋疲劳症

本病是夏秋季笼养高产蛋鸡群发生的一种以骨骼脆变、腿脚软弱无力、肋骨和肋软骨结合处出现念珠状病变为特征的疾病，也称为笼养蛋鸡瘫痪症、笼养蛋鸡骨质疏松症等，越是高产的蛋鸡越易发生此病，因此，对产蛋量和经济效益影响很大，应注意防控。

【病　因】　产蛋鸡一个产蛋周期所消耗的碳酸钙相当于其体重的2倍，若饲养管理不善，易引发生理性骨质疏松。饲粮中钙和磷含量不足或比例失调、维生素D缺乏和笼养鸡缺少运动等，可导致蛋鸡骨质疏松，严重的引起产蛋量明显下降或停产。笼养蛋鸡活动空间小，长期站立或不舒适蹲着，腿脚疲劳，躯体骨骼和腿脚的生长发育受到很大影响，易发生本病。

【症状及病变】　此病可分为最急性型、急性型和慢性型3种。

1. 最急性型　病鸡突然死亡，且死亡前看不出任何症状。越是高产的蛋鸡，越易突然发病死亡。病死鸡泄殖腔突出。病鸡所产蛋蛋壳的强度几乎没有变化，破损率也如常。

2. 急性型 病鸡不能站立，瘫痪，用跗关节蹲坐，如其周围有饲料，仍可采食，但产蛋量下降明显，所产蛋多为薄壳蛋。

3. 慢性型 日龄较大的产蛋鸡易发生。产蛋鸡随着日龄的增加，摄取钙和分泌功能下降，易致蛋壳变薄、强度下降、粗糙和易破损。

剖检病（死）鸡可见：最急性型病鸡卵泡充血，甲状腺增大，腺胃溃疡、变薄，肝脏肿大、淤血（有出血斑），肺淤血，心脏扩张，输卵管多有蛋存在；急性型病鸡骨骼变软，易折断，胸骨常异变成"S"状弯曲，腿骨、胸椎和翼骨易骨折；慢性型病鸡卵巢退化，甲状腺肿大，皮质骨变薄。

【防 治】 ①产蛋高峰期，蛋鸡日粮钙、磷含量应分别达到3.5% 和 0.9%。育成母鸡近性成熟时和产蛋鸡产蛋前，应提高日粮营养水平，适量增加钙、磷含量。②适当降低饲养密度，改善鸡舍的通风、透光条件。③日粮中适当增加 2%～3% 的植物油或脂肪。④适当补充维生素 D 和矿物质。⑤每羽鸡饮用 2% 诺氟沙星溶液 20毫升，预防肠炎和输卵管炎等疾病。⑥将病鸡取出笼外饲养，让其自由运动，多数鸡 2～3 天后可明显好转，重病鸡 2～3 周内也可康复。⑦发病严重和最急性型病鸡群，在晚上 11～12 时开灯饮水1 小时，以降低血液黏度，减轻心脏负担，可减少死亡率。

九、鸡 痛 风

本病主要发生于规模化饲养的鸡尤其是青年鸡，是一种蛋白质代谢障碍病。病鸡血液中尿酸浓度超高，而排泄又受抑制，大量尿酸盐沉积在心脏、肝脏、肺脏、胃、小肠等上，引起尿酸中毒。

【病 因】 饲料中蛋白质含量过高，血液中尿酸的含量也会大幅增高，易发生高钙症。健康鸡摄入蛋白质适当的情况下，肾脏能把代谢产生的尿酸及时全部排于体外，但日粮中蛋白质含量过高时，尿酸产生量超过了肾脏的排解能力，进而损伤肾脏，进一步抑制排泄能力，引发内脏痛风。饲料中含钙、钠、钾、磷等过量，易引起肾结石或尿结石。传染性支气管炎、传染性法氏囊病等疾病会损伤肾功能，引发痛风。饲料霉变导致霉菌毒素中毒，严重损伤肾脏和肝脏，易引发内脏痛风。鸡每千克日粮中含卵孢霉素200毫克，就可引发关节和内脏痛风。饮水中含盐、氟过高或供水不足等，会大大提高血液和肾小管中尿酸的浓度，引发痛风。缺乏维生素A等，会使肾小管、输尿管等上的黏膜脆化、脱落，阻碍尿酸排泄，从而引发本病。

【症状及病变】 内脏痛风病鸡精神颓萎，食欲下降，羽毛松乱，行走不稳，消瘦，贫血，鸡冠、肉髯变白，排含白色尿酸盐粪便；母鸡产蛋量下降或停产，慢慢消瘦。关节痛风病鸡为关节疼痛、肿胀、变形，行走艰难、不稳；严重的跛行，无法站立。

内脏痛风病鸡肾脏明显肿大，颜色变淡，表面有因尿酸盐沉积所致的白斑；输尿管变粗、扩张，内有大量白色尿酸盐沉积物；重病鸡心、肝、脾、肠系膜等表面也有一薄层白色尿酸盐沉积物。关节痛风病鸡关节变形，各关节内及表面可见白色尿酸盐沉积物或沉积痕，严重的关节溃烂。

【预　防】 ①尽量使用植物蛋白质，少用动物性蛋白质。严格按鸡不同生长阶段对蛋白质的需求科学配制饲料。②钙、磷要按要求配比添加，严防含量过高。钙以用贝壳碎粒或蛋壳碎片补充为好，少用或不用钙质粉料，以控制吸收速度和吸收量。③饲料中各种氨基酸含量要全面、均衡。④严防维生素缺乏，饲料中科学添加多种维生素。⑤不用霉变饲料。平时要妥善保管好饲料，防潮防湿。饲料不要一次性进太多，以够饲喂5～6天为宜。⑥供应充足饮水，不可少供或断供。饮水中含盐和氟高时，应进行软化处理。⑦饲养密度要适中，不可高密度饲养。有条件的鸡场可让鸡适当多运动。⑧每天投饲少量青绿饲料。⑨搞好鸡舍的环境卫生和通风换气、保温、降湿、防暑等。⑩仔鸡日粮中添加0.3%～0.6%蛋氨酸，有保护肾脏的作用。⑪每千克日粮添加5.3克硫酸铵或10克氯化铵，可溶解尿结石而随尿酸排于体外，降低尿结石的发生。

【治 疗】

1. 西药治疗 ①1%碳酸氢钠溶液，连饮4～5天。②0.2% 肾肿消或肾宝等溶液，连饮4～5天。③别嘌呤醇，每只鸡一次灌 服20毫克，连用5～6天。④丙磺舒，每只每天15～20毫克，拌 料喂服，连用3～5天。⑤大黄苏打片，口服，每千克体重1.5片， 每天2次，连用3～4天。

2. 中草药治疗 ①甘草梢3份，鸡内金、石韦、川牛膝、滑 石、冬葵子、海金沙、鱼脑石各10份，降香3份，金钱草30份。 共研成粉末，拌料喂鸡（每只每次用药粉5克），每天2次，连用 4天为1个疗程，一般用1～2个疗程。②鸡内金、木通、灯芯草、 萹蓄、甘草梢、车前子、栀子各100克，山楂、滑石各200克，海 金沙、大黄各150克（体重1千克以下鸡，每只每天1～1.5克；体 重1千克以上鸡，每只每天1.5～2克）。加适量水煎取汁，凉后供 鸡饮服，连用5天。③白术、木通、车前草、金钱草、栀子各等份 （成鸡每只每天1克，雏鸡每只每天0.5克）。加适量水煎取汁，凉 后供鸡饮服，每天1剂，连用3天。

十、鸡非生理性脱羽

鸡从出生到性成熟要换羽3次；成年鸡每年更换羽毛1次，然 而，笼养鸡由于饲养管理不当等原因，常发生非正常脱羽，大大影 响鸡的正常生长发育，特别是对产蛋鸡影响更为明显，轻的产蛋量 下降，严重的停产，应引起重视。

【病 因】 停水3天、断料8～9天，就可致鸡（特别是蛋鸡） 严重应激而出现脱羽、停止生长和产蛋量迅速下降。鸡舍环境温、 湿度不佳或波动大、空气流通不畅及污染等，对鸡羽毛生长发育都 有影响。鸡被羽螨、羽虱等寄生虫侵害，易引起脱羽和羽毛折断。 饲料中含蛋白质不足，羽毛不能正常生长发育，会导致鸡群大量脱 羽。鸡缺锌、缺硫等，会引起非生理性脱羽。饲料中硒、砷含量过高，会引发慢性中毒，致鸡尾羽蓬乱和羽毛脱落。饲粮中如钙含量太高，会严重干扰鸡对铜、锌的吸收和利用，导致皮肤病变和继发性脱羽。碘对鸡的新陈代谢速率有重要的调节作用，鸡无论是缺碘还是碘过多，都会影响羽毛的生长发育，引起非生理性脱羽。鸡缺乏叶酸，羽毛会变脆和脱落。此外，某些传染性和慢性疾病亦会使鸡脱羽。

【症状及病变】 羽虱等以羽毛、皮肤鳞屑和绒毛等为食，鸡若受其侵害，皮肤奇痒，躁动不安，食欲不振，因啄痒而啄断羽毛和啄伤皮肤，渐渐消瘦，羽毛大量脱落，产蛋量明显下降或停产。鸡被羽螨侵害，螨虫沿羽轴进入皮肤，使皮肤发炎、发痒、潮红，羽毛脆化并不断脱落。鸡体表寄生虫侵害重时，羽毛几乎掉光，成为"裸鸡"。成年鸡如缺乏含硫氨基酸，会引发裸躯病。缺锌的鸡，羽毛生长迟缓，质地差，皮肤发炎，出现啄羽，羽毛先端易磨损，严重的羽枝脱落、翼羽和尾羽几乎全掉。鸡叶酸缺乏时，羽毛变脆、褪色，严重的大量脱羽。

【预　防】 供应营养元素全面且含量适宜的饲粮。鸡羽毛的生长发育与日粮中蛋白质、含硫氨基酸等的含量有密切关系；羽毛生长期应及时适量供应各种氨基酸。维生素要全面供给，既不能过多，更不能缺乏。各种矿物质要做到平衡供给。鸡舍环境要清理，谨防噪音、蚊虫、鼠害等。尽力避免温、湿度的剧烈波动。及时清理粪污和开窗换气。定期驱除体内外寄生虫。每隔 5～6 天用 10% 漂白粉或 2%～3% 来苏儿液等消毒 1 次，发生疫情时每天消毒 1 次。

【治　疗】 ①受体外寄生虫侵害病鸡可用 2.5% 溴氰菊酯乳油 4 000 倍液喷洒体表或药浴，隔 7～10 天再用药 1 次。②运动场中建一长方形池，池中放含有驱虫药（每 100 千克细沙均匀拌入 10 千克硫黄粉）的细沙，让鸡自由沙浴。③鸡饲料中胱氨酸、蛋氨酸、硫酸盐的适合比例为 50：41：9。鸡饲料中适宜的硫含量为 2.3～2.5 毫克 / 千克。④日粮中锌的适宜含量为 35～65 毫克 / 千克。日粮中鸡对锌的耐受剂量是 1～2 克／千克。强制鸡换羽时，常在日粮中添加 4% 硫酸锌或 2.5% 氧化锌。⑤日粮中吡哆醇、烟酸、泛酸的适合添加量分别为 4.5～8.5 毫克／千克、25～70 毫克／千克、10～15 毫克／千克。⑥日粮中适宜的钙锌比为 100～150∶1。

十一、维生素 A 缺乏症

日粮中维生素 A 不足或质量差、饲料存放时间过长、吸收障碍等，家禽易发生维生素 A 缺乏症。雏禽缺乏维生素 A，会引发眼炎、夜盲，严重的失明。青年禽缺乏维生素 A，会出现生长不良、消瘦、行走不稳、流泪、干眼病。成禽缺乏维生素 A，体弱、生长不良、消瘦、产蛋和孵化率下降等。

【病　因】 日粮中维生素 A 不足或质量差等，或添加了足量的维生素 A，但因饲料存放时间过长或保管不善，维生素 A 氧化失效；常用胡萝卜素含量低的甘蓝、白萝卜、大白菜等喂禽，日粮中蛋白质含量过低，家禽患某些疾病等，均会导致维生素 A 缺乏。

【症状及病变】 雏禽精神不振，食欲下降，生长发育不良，体弱，消瘦，羽毛不整，行走不稳，小腿和喙黄色变浅，眼中分泌出灰白色干酪样物，眼睑肿大或近闭合，角膜混浊，鼻内流出黏液，呼吸不畅，严重的失明或半失明，有的还会死亡。家禽轻微缺乏维生素 A，生长发育、抗病力、产蛋等会稍受影响，但难以觉察。成禽表现生长发育缓慢，免疫力下降，体弱，行走不稳，精神委顿，失明或半失明，产蛋、孵化率和公禽性能力下降，易继发其他疾病。

重病禽口腔、咽喉、食道黏膜上产生大量灰白色小结节，有的小结节会融合成区块状假膜。肾肿大，颜色白，有灰白色网状纹，内有尿酸盐沉积，似内脏型痛风。心脏、肝脏等表面同样沉积有一薄层白色尿酸盐。中禽缺乏维生素 A，免疫力下降，易发生球虫、蛔虫等寄生虫病。

【预　防】 ①家禽日粮中各营养元素要均衡供给，禁止饲喂单一饲料。②雏鸡和仔鸡每千克饲料应添加维生素 A 1 500 国际单位、产蛋鸡 4 000 国际单位、肉仔鸡 2 700 国际单位。维生素 A 由于受多因素影响，不可能 100% 被吸收利用，所以，产蛋鸡每千克饲料应实际添加维生素 A 8 000～10 000 国际单位。也可在产蛋鸡每千克饲料中添加鱼肝油 6～7 毫升。③如以多维的形式添加于家禽饲料中，每 50 千克饲料要添加多维 15～20 克。④家禽日粮中可拌入少量切碎的胡萝卜、菠菜等。⑤饲料要现配现用或现购现用，不可贮放太久或放于潮湿易霉变处。

【治　疗】

1. 西药治疗　①鱼肝油，每千克饲料拌入 5～10 毫升喂禽，连用 10～17 天。成鸡每只每次灌服浓缩鱼肝油丸 1 粒，连用 4～5 天。雏鸡每只每次滴服鱼肝油 3～4 滴，连用 4～5 天。②多维，每 50 千克饲料拌入 17～20 克喂禽，连用 8～10 天。③维生素 A，每升饮水中加入 0.8 万～1 万国际单位供禽饮服，连用 12～15 天。④电解多维，每升饮水中加入 1 克供禽饮用，连用 6～7 天，之后剂量减半，再饮服 6～7 天。

2. 中草药治疗　①苍术研成粉末。每次每只鸡 1～2 克、鸭 2 克、鹅 3～4 克，拌料饲喂或灌服，每天 2 次，连用 5～6 天。②健康畜禽肝脏切细碎，用沸水烫变色，每 10 千克饲料拌入碎肝 0.7～1 千克和所有烫肝汤喂鸡、鸭，连用 3～5 天。

十二、维生素 C 缺乏症

【病　因】　维生素 C 可增强家禽的抗病能力，维持骨髓、毛细血管、肌肉、牙齿等组织器官和体细胞的正常机能及代谢，还有一定的解毒作用。各种果菜、块根、根茎、青草、绿叶蔬菜等中含有维生素 C，家禽自身也能合成维生素 C。所以放养的家禽一般不会发生本病。饲料中添加维生素 C 过少或饲料贮放太久维生素 C 被氧化，可引起本病。家禽患病或遇应激时，维生素 C 合成或吸收受阻，可发生本病。

【症状及病变】 家禽精神欠佳，食欲下降，生长发育缓慢，消瘦，产蛋量下降，蛋易破碎，抗病力下降，皮肤和黏膜出血；严重的病禽肌肉、皮下、关节等处出血，舌发生溃烂，贫血。

【预　防】 ①圈养家禽每隔 2～3 天投喂少量绿叶蔬菜和块根、块茎、水果等。②圈养家禽饲料中要添加适量维生素 C。③饲料不可久存，以免维生素 C 氧化失效。④减少免疫、捡蛋、捕捉、追赶、运输等造成的家禽应激反应。

【治　疗】 ①每千克饲料拌入 0.1～0.2 克维生素 C，连用 1～2天。②每只鸡口服 1～2 个研碎的干红枣，连用 2～3 天。

十三、维生素 E 缺乏症

维生素 E 是一种抗氧化剂，能增强家禽的体液免疫功能，提高抗病力。雏禽易发生此病，如饲料中维生素 E 不足或被破坏，会致脑软化症发生。维生素 E 与硒协同作用，可预防家禽出现肌肉萎缩、关节肿大和渗出性素质。

【病　因】 玉米、大豆、稻谷等都含有较丰富的维生素 E，但易被氧化破坏。青饲草干制和谷物等经加工，维生素 E 会损失 80%～95%。饲料维生素 E 不足或遭破坏，长期饲喂就会发生维生素 E 缺乏症。饲料中缺乏硒或禽患某些疾病等，会影响维生素 E 的吸收和利用，导致维生素 E 缺乏症。

【症状及病变】 本病的主要症状是脑软化、渗出性素质和肌肉营养不良等。

雏禽发病，表现为脑软化症，运动不稳，失去平衡感，双脚颤抖，不断拍翅，头向前、向后、向上、向下和两侧扭转，一会儿向前冲，一会向后倾倒，有时摔倒两脚朝天乱划，若不及时救治，多会衰竭痉挛死亡。

病禽小脑软化、水肿，表面有弥漫性出血点，脑内有黄绿色坏死灶。

雏禽表现渗出性素质，皮下组织水肿，皮下穿刺会流出浅蓝色黏液，重病禽腹部皮下有大量积液。两脚叉开站立或行走，似企鹅状，重病禽会突然死去。

30 日龄以上家禽缺乏维生素 E，易出现肌肉营养不良。病禽精神不振，食欲下降，体弱，消瘦，生长发育迟缓，羽毛不整，不愿行走。病禽胸肌、腿肌等出现白色条状纹，又称白肌病。成禽缺乏维生素 E，多无症状或症状不明显；产蛋禽发病，产蛋量和孵化率下降；成年公禽发病，精液质量下降，精子减少或无精子，性功能减弱。

【预　防】　①平时要适当饲喂绿叶蔬菜、稻谷、麦粒等未经加工的粗粮。②日粮中加入 0.5% 植物油，经常投喂。③每千克饲料中拌入维生素 E 10～20 毫克，连喂 5～6 天。

【治　疗】

1. 西药治疗　①脑软化症病禽，灌服维生素 E，每次鸡 2～3 毫克、鸭 3 毫克、鹅 5 毫克，连用 2～3 天。②白肌病和渗出性素质病禽，每千克饲料中拌入 5～8 克植物油、0.2～0.4 毫克亚硒酸钠、2～5 克蛋氨酸，连用 3～5 天。③患病成禽，每千克饲料中拌入植物油 5～10 克或维生素 E 15～30 单位喂服，连用 3～4 天。④鸡每只每次肌内注射维生素 E 2.5 毫克，每天 1 次，连用 3 天。⑤亚硒酸钠，混饲，每千克饲料添加量鸭 0.1～0.2 毫克、鹅 2.5 毫克，连用 3～4 天。

2. 中草药治疗　①饲料中拌入 1% 生黄芪粉或 0.5% 玉米胚油喂禽，连用 4～5 天，可治白肌病。②鸡每只每天用地龙 0.1 克、川芎 0.05 克，加适量水煎取汁，凉后供饮服或灌服（饮药汁前 2～4 小时停止供给饮水），每天 1 剂，连用 3～4 天。③每千克饲料中拌入麦芽或稻谷芽 40～50 克喂禽，连用 4～5 天。

十四、维生素 K 缺乏症

家禽缺乏维生素 K，血凝会出现障碍，凝血时间大大延长，一旦发生出血，会因出血过多而死亡。散养或放牧家禽可摄入足够维生素 K，一般不会发生维生素 K 缺乏症；笼养、规模化饲养和雏禽较易发生此病。

【病　因】 维生素 K 广泛存在于蔬菜、牧草、野草、水果等中，动物性饲料中也含有少量的维生素 K，但满足不了家禽生长发育所需。维生素 K 如被日光照射，会很快破坏，失去功效。饲料中本身含维生素 K 不足、存放时间长、霉变等，易引发此病。鸡、鸭、鹅各生长发育期对维生素 K 的需求量都是每千克饲料 0.5 毫克。饲料中如含有与维生素 K 化学结构相似的双香豆素时，会抑制维生素 K 的吸收和利用。家禽患传染病、寄生虫病和使用抗生素等，会影响对维生素 K 的吸收，引发本病。

【症状及病变】 饲料中缺乏维生素 K，雏禽 15～20 天后会出现症状，发生全身皮下组织、胸、腿、翅膀或胃肠、腹腔等出血，严重的出血不止，致贫血、代谢紊乱和皮肤、冠、肉髯苍白而干燥，如得不到及时有效救治，会衰竭死亡。病禽精神不振，食欲下降，腹泻，扎堆，全身颤抖，呼吸困难。产蛋禽发病，产蛋量和孵化率下降，死胚增加。

病禽胸腹、腿、翅膀等皮下和肌肉出血，腹腔、肺或肠道内也有出血，血凝迟缓；有的肝脏有白灰色或黄色病死灶。

【预　防】 ①经常投喂小白菜、菠菜、芹菜、南瓜、冬瓜和鲜嫩野青草等。②饲料不可久放或被日光照射，更不可霉变腐败。③每千克饲料中拌入 0.5～0.7 毫克维生素 K，连喂 3～4 天。④及时治疗禽病。

【治　疗】 ①每千克饲料中拌入维生素 K 3.5 毫克，连喂 3～4 天。②每千克体重肌内注射 2～3 毫克维生素 K_3，每天 1 次，连用 3～5 天。

十五、维生素 D 缺乏症

家禽骨软化症、笼养蛋鸡产蛋疲劳症和佝偻病等，是由缺乏维生素 D 引起的。散养、放牧家禽很少发生此病，圈养和规模化养殖的家禽易发生此病。

【病　因】　正常采食的家禽，如能晒到足够强和足够时间的阳光，可自身合成所需的维生素 D，否则易发生此病。圈养和规模化饲养的家禽，如日粮中维生素不足，易引发本病。家禽患传染病或寄生虫病等，消化、吸收功能降低，亦可引发该病。维生素 D 是十多种维生素 D 活性化合物的总称，对家禽最具生物和经济意义的是维生素 D_3，也称胆钙化醇。维生素 D 可增进禽对钙、磷的吸收，维护体内钙、磷的比例平衡，促进钙、磷沉积于骨骼上；如缺乏维生素 D，钙、磷就会从骨骼中流失，骨骼不能或难以钙化，出现骨软化。鸡每千克日粮中维生素 D_3 标准含量为：0～20 日龄 200 国际单位，肉仔鸡 400 国际单位，种母鸡和产蛋鸡 500 国际单位。

【症状及病变】　雏禽发生维生素 D 缺乏，表现食欲下降，羽毛松乱，生长发育缓慢，双脚无力，喜伏于地，喙软化变形，趾爪弯曲，跗关节肿大，骨质疏松严重，骨骼变形、易断，趾骨变粗，胸骨变形。雏禽症状最早可在出壳后 9～12 天出现，多数在 27～35 天出现症状。

成禽如缺乏维生素 D，多在 2～3 个月出现症状，母禽产薄壳、软壳或无壳蛋，产蛋量和种蛋孵化率明显下降，最后完全停产。成年禽缺乏维生素 D，会发生骨骼变形、软化，关节肿大、两脚无力、喜伏地和易骨折等。

家禽若摄入维生素 D 过多，会引发中毒，使肺、肾等器官慢慢钙化。

【预　防】　①鱼粉、骨粉、干香菇、干青草等含有较多维生素 D，可适量添加于饲料中也可添加适量维生素 D 或鱼肝油。②让家禽适量晒太阳，禽舍建造应考虑采光。

【治　疗】

1. 西药治疗　①病雏每只每次口服鱼肝油 2～3 滴，每天 2～3 次，连用 5～6 天。②母鸡缺乏维生素 D，可一次喂服 2 万国际单位维生素 D_3。③每千克饲料拌入浓缩鱼肝油 15～20 毫升，连用 5～6 天。④病雏一次性肌内注射维生素 D_3 1 万国际单位或喂服 1.5 万～2 万国际单位。

2. 中草药治疗　苍术研成粉末，拌料喂服，每只每次 1.5～2 克药粉，每天 2～3 次，连用 5～6 天。

十六、维生素 B_1 缺乏症

家禽饲料中缺乏维生素 B_1（硫胺素），会出现食欲下降、多发性神经炎和糖代谢障碍等，严重的会因厌食衰竭死亡。

【病　因】瓜果、蔬菜、饲草、野草、麦芽、麦麸、米糠等中含有丰富的维生素 B_1，只要经常投喂这些饲料，家禽就不会发生维生素 B_1 缺乏症。饲料单一、饲料中维生素 B_1 缺乏或添加不足、饲料经加工或加热等处理维生素 B_1 被破坏、忽视青绿饲料的投喂等，会引发本病。饲料霉变或禽患传染性或寄生虫病等，会抑制对维生素 B_1 的吸收利用。母鸭大量喂给鲜鱼虾和河蚌等，易发生本病。雏禽比成禽易发生此病，受害也最重。散养或放牧家禽很少发生此病，圈养或规模化养殖的家禽易发病。

【症状及病变】日粮中若缺乏维生素 B_1，成鸡 20 天、雏鸡 15 天内出现神经炎症状。病禽精神委顿，不食或少食，羽毛不整，行走无力；成鸡冠变蓝色，多发性神经炎，慢慢发展为全身肌肉痉挛，足、翅、头、颈等颤抖和麻痹，常跌坐于地，角弓反张、下痢、贫血、皮下水肿，后倒地抽搐死去。雏禽多发病突然，成禽很少发病或症状不明显。

病鸭头偏瘫一侧，不时转圈、奔跑、抽搐、角弓反张等，不久衰竭死亡。

病禽皮下水肿，胃、肠道发炎、萎缩，右心增大、弹性下降，肝、肾、胆囊肿大。

【预防】①每千克鸡饲料含硫胺素的含量标准是：0～6周龄雏鸡和肉用仔鸡1.8毫克，产蛋鸡和种母鸡0.8毫克，7～20周龄鸡1.3毫克。圈养或工厂化养殖的家禽，日粮中要添加适量的维生素B_1，一般每千克全价料添加3～4毫克。②每天或每隔2～3天投喂一些菜叶、青草、果肉丁等青绿饲料。③饲料不可久放，更不可喂霉变饲料。④不可长期使用青霉素等抗生素及磺胺类药物等，以免破坏肠道微生物菌群。⑤家禽患病应及时有效治疗，以免影响对维生素B_1的吸收。⑥鲜鱼、虾、蚌要煮熟后喂禽。⑦饲料中尽量少用棉籽饼和菜籽饼，因为其含较多硫胺素酶，会大量分解硫胺素，使维生素B_1失效。

【治疗】

1. 西药治疗 ①维生素B_1片，鸡、鸭每次灌服3～5毫克，鹅7～8毫克，每天2次，连用3～4天；也可每千克家禽饲料添加5～8毫克（碾成粉）喂服，连用3～4天。②维生素B_1注射液，肌内注射，每次雏鸡1毫克，成鸡5毫克，每天2次，连用3～5天。

2. 中草药治疗 鸡、鸭用大活络丸1粒，分4次灌服，每天1次，连用10～14天。

十七、维生素B_2缺乏症

家禽缺乏维生素B_2（核黄素），蛋白质、脂肪和碳水化合物代谢等会出现障碍，导致产蛋量和孵化率明显下降、趾麻痹内卷等。

【病因】各种蔬菜、大豆、稻谷、麦粒、青草、草粉、肝脏等含有较多维生素B_2，只要经常喂给，就可预防此病的发生。饲料中维生素B_2含量不足，长期投喂单一饲料，饲料加工、存放太久、霉变、遇碱和阳光直射等，维生素B_2被破坏，会引发本病。患病家禽吸收功能下降或被抑制，可能发生本病。雏禽易发生本病，成禽多不发病或症状不明显。成年家禽肠道中的一些微生物能合成一定量的维生素 B_2，如青霉素等抗生素和磺胺类药物使用时间过长，破坏肠道微生物平衡，也会引发此病。

【症状及病变】 雏禽发病，生长发育缓慢，消瘦，贫血，腹泻，羽毛松乱、无光泽、易脱落，两脚无力，双翅松垂，趾关节麻痹，趾内卷并麻痹；严重者麻痹性瘫痪，趾向内完全卷曲。中禽发病，后期双脚麻痹，行走不稳，喜坐卧，劈腿，瘫痪不起。产蛋禽发病，产蛋量下降或停产，种蛋孵化率下降明显，勉强孵出的雏鸡矮小、羽毛少并易脱落、水肿、双足先天性麻痹，趾内翻，不久会死亡。

【预 防】 ①经常给家禽投喂些蔬菜叶、青草、谷物、酵母粉等。②饲料不可久放和被阳光照射，以免破坏维生素 B_2。饲料要放干燥、通风处，以防霉变。霉变的饲料禁止喂禽。③家禽患传染病和寄生虫病时要及时治疗。无病或患不严重的传染病，不可使用或长期使用抗生素，以保护肠道微生物群的平衡和稳定。④适量补充维生素 B_2，每千克饲料中维生素 B_2 含量标准为：0～4 周龄肉仔鸡 7.2 毫克，5 周龄以上 3.6 毫克；种母鸡 3.8 毫克，产蛋鸡 2.2 毫克；0～6 周龄蛋鸡 3.6 毫克，7～20 周龄 1.8 毫克；中鸭 1.8 毫克。

【治 疗】

1. 西药治疗 ①维生素 B_2 粉剂，病重雏鸡每天 2 毫克，成鸡 5～6 毫克，对水灌服，连用 3～5 天。②病种鹅每次喂服维生素 B_2 片 10 毫克，每天 2 次，连用 4～5 天。③雏鸭肌内注射维生素 B_2 注射液 1 毫升，每天 1 次，连用 3～4 天。

2. 中草药治疗 鲜苦荬菜，切碎，按 10% 拌入饲料中，每天投喂 3 次，连用 20～30 天。

十八、维生素 B_3 缺乏症

家禽缺乏维生素 B_3（泛酸），碳水化合物、蛋白质、脂肪代谢会出现障碍，易发生皮肤炎、关节肿大、口角溃烂等。

【病　因】　维生素 B_3 在各种新鲜蔬菜、水果、稻谷、麦粒、饲草、野草和动物组织中都有存在，不过遇潮、酸、碱、热等易被破坏、分解，引起泛酸不足或缺乏。维生素 B_{12} 与维生素 B_3 关系密切，如出现维生素 B_{12} 缺乏，就会引起维生素 B_3 缺乏。玉米中维生素 B_3 含量较少，以玉米为主的饲粮中如不添加适量多维，易发生本病。家禽肠道内的微生物可合成少量泛酸，如长期使用抗生素，微生物活性被抑制，会促发本病。家禽感染新城疫、沙门氏菌病和寄生虫病等，对维生素 B_3 的吸收和利用功能会下降，也会促发本病。每千克家禽饲料中泛酸的适宜含量为：产蛋鹅20毫克，产蛋鸭40毫克，雏鸡、雏鸭55毫克，产蛋鸡和种鸡10毫克，中小雏鸡27毫克，中鸡11毫克。散养和放牧禽多不会发生此病。

【症状及病变】　雏禽发病，表现皮肤炎，羽毛松乱、无光泽、易脱落、生长缓慢，口角、肛门处有皮炎性痂皮，眼睛分泌出黏性渗出物，视力下降或半失明，皮肤渐渐角质化并脱落，趾和脚底部皮肤不断角质化并脱落，行走不稳或难以行走，腿骨变形，关节肿大，关节疼痛，消瘦。产蛋禽发病，产蛋量和种蛋孵化率下降；勉强孵化出的雏禽先天性泛酸缺乏，多很快死亡。

【预　防】　①给家禽经常投喂一些菜叶、青草或米糠、麦麸等，可控制本病发生。②日粮中维生素 B_3 不足时，可适当添加多维。③饲料不可贮存太久或贮放于潮湿、高温处，以防维生素 B_3 分解失效。④抗生素不可长期使用。患有传染病和寄生虫病的禽要及时治疗。⑤以玉米粉为主的日粮，一定要添加适量的鱼粉、麦麸、豆粉或酵母粉等。⑥饲料最好不要进行高温、高压处理。

【治　疗】　①每千克饲料添加泛酸钙20～30毫克喂禽，连用10～15天。②病鸡每只肌内注射泛酸钙15毫克，每天1～2次，连用2～3天。

十九、食盐缺乏症

氯化钠即食盐，主要存在于家禽的血液和体液等中，能调节酸碱度，与钾、钙等一起实现相互平衡，以维护心脏的正常功能。家禽缺钠和氯，主要表现为生长发育不良、异食癖、产蛋下降、饲料转化率低等。

【病　因】 家禽饲料中食盐的适宜含量为0.3%～0.5%，如较长时间低于0.25%，就会出现氯化钠缺乏症。较长时间饲喂不含氯化钠的饲料，家禽会出现啄肉、啄伤口、啄肛等，严重影响生长发育。饲料中缺乏钠，家禽出现生长发育缓慢、骨软化、蛋变小、产蛋下降、异食癖等。饲料中缺氯，家禽体内酸碱平衡和渗透压会产生紊乱，消瘦，行走不稳，难以站立，易向前或向后跌倒。散养和放牧的家禽易发生本病，应注意在日粮中添加适量的食盐。圈养和规模化饲养的家禽多用全价料，一般不会发生此病。饲料中既不可缺乏氯化钠，也不能添加过量，不然会发生严重口渴、两脚麻痹等中毒症状。

【症状及病变】 雏禽缺乏氯化钠，表现食欲下降，生长发育缓慢，异食癖，饲料转化率下降，行走不稳，易向前倾倒或向后坐倒。成禽缺乏氯化钠，蛋渐渐变小，产蛋量减少，孵化率下降。

【防　治】 散养禽在饲料中添加0.3%～0.5%食盐，或每天饮用1次0.3%～0.5%食盐水。

二十、钾缺乏症

家禽缺钾，表现心、肺功能衰弱，全身肌肉和两腿无力，站立和行走不稳，蛋壳逐渐变薄，产蛋量下降，严重的痉挛抽搐而死。

【病　因】 钾存在于家禽体细胞、软组织和体液内，可起维护心脏收缩与舒张、细胞内外液电解质平衡和神经组织功能通畅等作用。饲料中含钾 0.4%～0.5%，家禽就不会发生本病。黑麦草、稻草、野草、树叶、绿色蔬菜等含有丰富的钾，可满足禽生长发育所需。饲料加工过于精细，钾损失也多，禽食用这种饲料，缺钾症的发生会增高。雏禽和产蛋禽需钾较多，应重视供给。

【防　治】　①经常投喂青绿饲料或稻谷、米糠、麦粒等，可预防本病发生。②氯化钾，按 0.5%～1% 混饲，连用 7～10 天；也可按 0.3%～0.4% 混饮，连用 5～7 天。

第七章

中毒性疾病

一、磺胺类中毒

磺胺类药物常用于防治家禽细菌性和球虫等疾病，效果好、价格便宜。但如果不按要求使用，超量或长时间使用，就会发生中毒，特别是雏禽易发生药害。

【病　因】　使用磺胺类药物时，如不按规定超量或超过 7 天以上长时间连续使用，拌料不认真，药物混拌不匀，易引起中毒。家禽患有较严重的传染病、体质弱或肝、肾功能不全或下降时，中毒发生率会增高。饲料中如缺乏维生素 K，易发生中毒。

【症状及病变】　急性中毒病禽表现亢奋、不食、摇头、腹泻、麻痹和痉挛等。慢性中毒禽表现少食或不食，生长迟缓，呼吸困难，喜饮水，腹泻，排酱色粪便，头肿大、发紫，冠和肉髯变青紫色或苍白。产蛋禽中毒，产蛋量下降或停产，有的产软壳或薄壳蛋，所产蛋多粗糙易碎。

病禽皮下、胸肌和腿肌等有许多小出血点或斑状出血区；消化系统黏膜有出血点；肝脏紫红色或褐黄色，肿胀，有出血点或出血斑；脾、肾肿大，有出血点或出血斑；肾小管和输尿管沉积大量白色尿酸盐；心外膜出血，心包有较多积液；血液变稀，血凝变慢。

【预　防】　①不可轻易加大用药量。即使病情较重须加大用药量，也仅限于第一次用药。②混饲给药用药量为 0.1%～0.2%，且必须混拌均匀。③连续用药要控制在 6～7 天内。④不同日龄、种类、体重、体质的家禽应分开用药。⑤给药后充足供应饮水。⑥饲料中拌入 0.05% 维生素 K 或复合维生素含量提高 1 倍，可预防中毒的发生。⑦严重中毒的病禽应淘汰并深埋或焚烧，不可食用。⑧发现中毒或疑似中毒，要立即停用磺胺类药。⑨ 1 月龄以内的家禽和产蛋禽尽量少用或不用磺胺类药。

【治　疗】　①让病禽饮用或灌服 1%～2% 碳酸氢钠溶液或 5% 葡萄糖溶液，连用 4～5 天。②每千克饲料中拌入维生素 K_3 5 毫克和维生素 C 0.2 克，连喂 5～6 天。③重病禽一次性口服维生素 C 30～50 毫克，也可一次性肌内注射维生素 C 50 毫克；还可一次性肌内注射叶酸 0.5～1 毫克或维生素 B_1 1～2 微克。

二、土霉素中毒

土霉素是一种常用广谱抗菌药，主要用于防治禽大肠杆菌病、禽支原体病、禽霍乱、禽伤寒病、禽链球菌病等，还有一定的促进家禽生长发育的作用，所以有时作为饲料添加剂使用。其用途很广泛，不当使用也就相对较多，家禽中毒时有发生。

【病　因】　防治禽病时，如用药量过大或使用时间过长，易引起中毒。拌料喂服时，若混拌不匀，会引起中毒。体弱或肝、肾功能不全的鸡、鸭、鹅，易发生中毒。

【症状及病变】　中毒多为慢性，病禽精神委顿，少食，口渴喜饮水，羽毛干枯无光泽，生长发育缓慢，渐渐消瘦，皮肤变为青紫色，冠苍白并萎缩。病重者，行走不稳，两腿瘫软无力。产蛋禽中毒，产蛋量下降或停产。

【预　防】　①用土霉素防治禽病时，严格依规定用药，不可随意加大用药量。②药物混饲或混饮时，一定要混拌和溶解均匀。③不同日龄、大小的病禽要分开用药。④病禽一个疗程用药一般 3～4 天，不要超过 5 天，下次用药应过 1 个月之后，不可连续用药 2 个疗程。⑤作为添加剂使用时，混饲浓度为 0.02%～0.08%。⑥发现中毒或疑似中毒，要立即停止用药，同时供给充足饮水。

【治　疗】

1. 西药治疗　①病鸡一次口服维生素 B_1 或维生素 C 15～20 毫克。②让病禽饮用 5% 葡萄糖水。

2. 中草药治疗　用适量甘草或绿豆煎汁，凉后供禽连饮 2～3 天。

三、食盐中毒

饲料和饮水中食盐含量超量，家禽摄入后就会发生中毒，严重的可致大批死亡。

【病　因】　饮水中食盐含量达 0.7%，雏鸡饮用后生长发育会变得缓慢，有的还会中毒死亡；含量达 0.9%，雏鸡如连续饮用，5 天后死亡率可达 90%～100%。饲料中食盐含量在 0.2%～0.4%，可满足鸡、鸭生长发育所需。鸡饲料中食盐的最适含量为 0.37%。成鸡饲料含食盐 1%、雏鸡饲料含食盐 0.7%，口渴会很明显。成鸡饲料含食盐 3% 以上、雏鸡饲料含食盐 1% 以上，如连续取食，会致大批中毒死亡。鱼粉中含有氯化钠，使用时要相应减少食盐的添加，否则易发生食盐中毒。鸡、鸭每千克体重食入食盐 3.5～4.5 克，就会发生中毒，体弱和肝、肾功能不全者会死亡。饲料中缺乏钙、镁、含硫氨基酸、维生素 E 等，会促进食盐中毒的发生。平时饮水供应不足或缺乏，易加重食盐中毒病情。

【症状及病变】　家禽食盐中毒的轻重取决于其摄入食盐量和饮水量多少。中毒家禽，表现食欲下降或不食，先兴奋后精神委顿，烦躁，口渴喜饮水，腹泻，两脚软弱无力，行走不稳，严重者会因脱水过多而死亡。雏鸭食盐中毒表现鸣叫不停，乱冲乱撞，头颈频频扭转，头颈后仰，有时跌翻，两脚朝天乱划。

食盐中毒禽嗉囊黏膜脱落，内有大量黏液；肠胃黏膜充血、水肿，有的有假膜；小肠急性卡他性肠炎或出血性肠炎，特别是十二指肠有点状弥漫性出血；腹腔、心包积水；肾肿大；肺水肿，皮下组织水肿；肝脏有淤血；有的输尿管内沉积有盐性物结晶。

【预防】 ①饲料或饮水中加入食盐时，要按日龄大小适量添加，不可过量，且注意混匀。②饮水或饲料不慎添加食盐超量，要立即停止投喂并加适量无食盐淡水或饲料稀释。③投喂含有食盐的食物时，要充足供给无食盐饮水，特别是高温季节。④不要投喂含食盐量高的剩菜等。⑤雏禽对食盐比成年禽敏感，因此对食盐的使用更要慎重，严禁超量添加，以免造成大批中毒死亡。⑥极度中毒禽应淘汰。

【治疗】

1. 西药治疗 ①病禽饮用3.5%葡萄糖或红糖水，连饮1～2天。②成鸡一次性肌内注射葡萄糖酸钙1毫升、雏鸡0.2毫升。③成鸡一次性肌内注射20%安钠咖1毫升、雏鸡0.1毫升。④病重禽每千克体重一次性肌内注射5%氯化钾4～5毫升。⑤每只成鸡、鸭一次性肌内注射25%硫酸镁注射液5毫升。⑥每只成鸡、鸭一次性灌服鞣酸蛋白0.5～1克。

2. 中草药治疗 ①给病禽灌服适量浓牛奶，每天2～3次。②每只成鸡、鸭灌服蓖麻油5～10毫升、鹅15～20毫升。③绿豆1份，甘草1份。加适量水煎汁，取汁，凉后让禽饮服或灌服，连用1～2天。④菊花和茶叶各适量。加适量水煎汁，取汁，凉后供禽饮服，连用1～2天。⑤葛根500克，茶叶100克。加水2升，文火煮30分钟，取汁，凉后供禽饮服，每天1剂，连用3～4天。⑥鸡、鸭灌服食醋3～5毫升（加少量水），每天上、下午各1次，连用1～2天。⑦鸡一次性灌服菜籽油7～10毫升。

四、生石灰中毒

生石灰在养禽中使用广泛，是一种价廉易得、使用简单的消毒药物。家禽中毒时有发生。

【病　因】　生石灰常用于地面、运动场、养禽水体、禽舍墙壁、排污沟、禽舍进出口、粪池等的消毒。家禽如果不慎摄食了生石灰，不仅会灼伤口腔和消化道黏膜等，引起发炎、水肿、消化道穿孔等，还会彻底扰乱消化道的酸碱平衡环境，杀死肠道内有益微生物，大幅降低消化道对营养物质的吸收和抵抗疾病的能力。雏禽啄食生石灰，中毒比成禽严重，死亡率也更高。

【症状及病变】　中毒家禽表现精神委顿，不食或少食，呕吐，甩头，行走不稳，全身颤抖，双翅松垂，口渴喜饮水，羽毛不整，缩颈垂头，神态迷糊，排白色或灰白灰稀便，严重的会虚脱死去。

病禽口腔、食道、嗉囊、气管充血、水肿；肝脏肿大明显，脆化、易碎；肌胃角质层下有大小不一的灼伤腐烂病斑；十二指肠出血、水肿；大肠黏膜有溃烂灶并水肿；脾肿大。

【预　防】　①用生石灰消毒时，事前应喂饱家禽，或将其暂养他处，以防止其直接与生石灰接触，2～3天后迁回原处。家禽离开笼舍后再撒（喷）生石灰粉或生石灰乳，可明显减少中毒。②用生石灰消毒时，24小时后可将地面过多的石灰扫除。

【治　疗】①发生中毒时，要尽快清除场地的生石灰，以防止中毒的扩大和加重。②立即给中毒禽灌服适量0.5%稀盐酸溶液或5%食醋，中和碱性。③给中毒鸡、鸭、鹅灌服适量浓牛奶或蛋清，保护消化道黏膜。④给鸡、鸭肌内注射复合维生素B、维生素C注射液各5毫克，每天1次，连用3～4天。

五、高锰酸钾中毒

高锰酸钾是养禽的常用消毒剂，主要用于禽舍、饮水、种蛋、食（水）槽、伤口等的消毒，如使用不当，会致禽中毒。

【病　因】　高锰酸钾3%～5%溶液用于饮水器、料槽等用具消毒；0.05%～0.1%溶液用于皮肤、创口等消毒；饮水消毒，使用浓度为0.01%～0.02%，可连用2～3天；浓度超过0.1%，家禽每天只能饮用 1 次，连用不超过 2 天。家禽饮用高锰酸钾溶液超量、时间过长或浓度过高等，可引起中毒。一次摄入 1.95 克高锰酸钾可致成鸡死亡。

【症状及病变】 中毒家禽表现呕吐、恶心、腹泻、口不断流黏液、精神委顿、不食或少食、精神呆滞、呼吸困难、排紫黑色粪便和口腔、咽部、食道、胃、肠黏膜水肿等；严重的嗉囊黏膜被腐蚀、溃烂、脱落，心、肾受损，最后衰竭死亡。

【预 防】 ①使用高锰酸钾一定要控制好用量，不可超量或超时连续使用。要充分溶解并混匀后使用。②禁止用高锰酸钾拌料饲喂。

【治 疗】 ①发现禽中毒应立即停用高锰酸钾。②尽快给每只中毒禽灌服洁净清水或 3% 双氧水 10～15 毫升＋100～120 毫升冷开水洗胃。③中毒禽灌服 3% 牛奶或蛋清 15～20 毫升，连用 2～3 天。④每 50 升饮水中加入阿莫西林原粉 10 克、葡萄糖 2 000 克，每天饮服或灌服 2 次，连用 3 天。⑤每 10 千克饲料中拌入 10 克电解多维，连喂 3 天。

六、亚硝酸盐中毒

家禽采食了腐烂的青绿和潮湿久放等含亚硝酸盐的饲料，就会引起高铁血红蛋白血症，即亚硝酸盐中毒。在非规模化养殖的散养禽场（户）时有发生，致大批禽在 24 小时内死亡。

【病因】 家禽采食了腐烂或加工酸败的甘蓝、大白菜、小白菜、青草、菠菜、黄瓜、白萝卜、红萝卜等，可引起亚硝酸盐中毒。误将硝酸钾当作食盐，也会引起中毒。不同品种、日龄、体质的家禽，对亚硝酸盐都敏感。成禽采食量大，中毒往往最重。亚硝酸盐中毒为急性经过，如不及时发现和救治，短时内家禽会大批死亡。植物的根、茎含硝酸盐最高。硝酸盐还原成亚硝酸盐毒性会成倍增加。家禽饮入野外含较多硝酸盐的水，亦会发生亚硝酸盐中毒。

【症状及病变】　中毒家禽精神颓萎，不食或少食，两翅松垂，行走不稳，呼吸困难，口渴喜饮，流涎，心跳变慢，冠和肉髯变紫红色或黑紫色；严重的病禽全身麻痹，颤抖，最后昏迷死亡。

病禽血液酱黑色，不易凝固或凝固不良；肝、脾、肾肿大、充血；肺内有大量空气，充血和水肿，管腔内有许多浅红色泡沫状黏液；心包、腹腔内有积液，心外膜、心肌有点状出血。

【预　防】　①腐烂的青绿饲料和霉变的加工饲料不可喂禽。②硝酸盐类化肥要注意存放，不要误用或被家禽误食。③春夏多雨高温季节，不可一次进饲料过多，以 3～5 天用完为好。④青绿饲料无论生熟都要摊开放置，不可密封。

【治　疗】　发现中毒应立即停用或清除含亚硝酸盐的饲料。同时采用以下治疗方法：①每千克体重静脉注射 1% 美蓝溶液 0.5 毫升，25% 葡萄糖液 10 毫升。②每千克体重肌内注射 5% 甲苯胺蓝溶液 0.5 毫升，同时饮用 0.02%～0.03% 高锰酸钾溶液。③每千克体重口服 5% 葡萄糖溶液加维生素 C 30 毫克。④成鸡口服维生素 C 100 毫克，每天 1 次，连用 2～3 天。⑤每千克体重肌内注射 1%～2% 亚甲蓝溶液 1 毫升。⑥成鸡一次性皮下注射安钠咖 1 毫升。

七、氨气中毒

禽粪和垫料等中含有大量有机物，这些物质分解时会产生大量氨气，如得不到及时清理和排放，会致家禽中毒。

【病　因】　正常情况下禽舍会存在微量的氨气，每立方米空间有 10 毫升氨气人就可闻到，但对禽的生长发育无影响；每立方米氨气高于 20 毫升，人会感到强烈刺激臭味并不停流泪、流涕，禽的呼吸系统会受损伤，产生病变；每立方米氨气高于 50 毫升，人难以忍受，家禽会深度中毒，流泪、流涕不止，出现结膜炎。禽舍通风不良、粪便未及时清除，粪便等有机物就会发酵产生大量氨气，积累到一定量，就可引起禽中毒或中毒死亡。夏秋高温季节，如不及时通风换气和清运禽粪和垫料，易发生氨气中毒。

【症状及病变】 病禽眼结膜充血、发红，眼角膜发炎；不停咳嗽和打喷嚏，口中不断流出唾液，步态不稳，头变为紫色或青紫色，不食或少食，产蛋下降或停止。病情严重的失明或眼角膜溃烂，死前全身抽搐，两脚不停划动，鸣叫不止，最后衰弱麻痹死亡。

中毒死亡的家禽尸体僵化慢，初期尸体柔软；喉头、眼结膜充血并水肿；肺水肿、有出血；肝肿大、脆化，表面有一层纤维性蛋白膜；肾灰白色；胆囊充满胆汁；腺胃黏膜溃烂；尸体皮下浆膜有许多小出血点；血液比正常的稀薄。

【预　防】 ①禽舍冬春低温季节每天或隔 1 天通风 1～2 次，气温较高的季节每天 24 小时都要打开部分或全部窗户通风换气。②每天或每隔 1～2 天清除粪便和换垫料 1 次。③禽舍地面每周、每平方米撒钙镁磷肥 1 次，可与氨反应生成磷酸铵盐，固定氨气，又可提高禽粪的肥效。④每次投饲要适量，料槽内剩余饲料要及时清出禽舍。⑤适当降低饲养密度。

【治　疗】发生氨气中毒时，应尽快将家禽转移到无氨气的禽舍，或将所有门、窗打开换气；装有换气扇的，应全部开启，以利排换气。中毒重者应淘汰。症状轻者可采取以下治疗方法：①饮用或灌服 1∶3 000 硫酸铜溶液。②为防继发感染，可给家禽服用抗生素③补充复合维生素。

八、有机磷农药中毒

防治蚊、蝇、体外寄生虫等会使用敌百虫、敌敌畏等有机磷农药，若使用浓度过大等，会引起家禽中毒或死亡。

【病　因】 使用有机磷农药防治蚊蝇、体外寄生虫不当；家禽误食喷施有机磷农药不久的农作物及杂草，有机磷农药瓶随意丢弃，其残留农药污染四周的植物、土壤和水源，被家禽误食或误饮，中毒就会发生。鸡每千克体重口服 10 毫克敌百虫会发生中毒；每千克体重口服 70 毫克，就会中毒死亡。

【症状及病变】 极度中毒家禽不表现症状或症状不明显，突然死亡。急性中毒者站立不稳，流泪，口角不停流出黏液，躯体颤抖，排稀便，不断伸颈做吞食动作，冠、肉髯变为紫色或紫红色，体温下降，严重的卧地昏迷不起，窒息死亡。

中毒禽口腔、胃、肠道会散发出较浓或强烈的蒜臭味，消化系统黏膜充血、水肿，有的脱落；肝、脾充血、肿大，有的有针头大小出血点；心脏有弥漫性出血点；肺水肿、充血。

【预　防】 ①防治蚊、蝇和家禽体外寄生虫时，要选用高效、低毒、易降解的有机磷农药，严格按产品说明使用，不可超量或随意增加用药数次和时间。②喷施有机磷农药的作物，不到安全期不可喂禽。③家禽外出放牧前，要事先了解所经线路附近最近是否喷洒过有机磷等农药，以防发生意外中毒。④有机磷农药空瓶要集中放安全处并统一处理，不可随意丢弃，以防造成污染中毒。⑤严重中毒禽要淘汰并深埋或焚烧，不可上市销售。

【治　疗】 发现中毒禽时，立即停用可疑食物和饮水。同时尽快采取以下方法治疗：

1. 西药治疗 ①用 1% 肥皂水洗胃，至洗出液无蒜臭味止。注意敌百虫中毒不可用碱性水洗胃，应用清水洗胃。②阿托品，肌内注射，鸡 0.1～0.25 毫克，鸭、鹅 0.3～0.5 毫克。③解磷定或氯磷定，肌内注射，鸡 0.2～0.5 毫升，鸭、鹅 0.9～1.2 毫升。④经皮肤或口腔中毒鸡、鸭、鹅，先用 5% 碳酸氢钠或 1% 食醋溶液清洗皮肤、口腔或灌服，后肌内注射解毒药。⑤非敌百虫有机磷中毒禽，灌服 1%～2% 石灰水 5～10 毫升。⑥给禽饮用多维葡萄糖溶液。

2. 中草药治疗 甘草 60 克，崩大碗 250 克，通草 250 克，绿豆 200 克，加适量水煎汁，取汁，加入红糖 250 克，灌服 50 只鸡或 15～20 只鸭，或 10 只鹅。

九、菜籽饼中毒

菜籽饼中含粗蛋白质 34%～40%、脂肪和微量元素等，廉价易得，常在家禽日粮中使用。不过菜籽饼中含有单宁、芥子碱和硫代葡萄糖苷等抗营养物质，若处理不当或超量饲喂，会致禽中毒。

【病　因】　饲养实践表明，产蛋鸡饲料中菜籽饼的含量不可超过8%、肉鸡饲料不可超过 10%，鸭、鹅不超过 7%，不然会导致中毒。家禽日粮中缺碘或使用霉变菜籽饼，中毒会明显加重。

【症状及病变】　中毒禽不会很快表现出来，要经一段时间后才会出现症状，主要症状为食欲不断下降、排干便或稀便，生长发育变慢、两脚软弱无力、产蛋下降并变小、喜卧不愿运动、薄壳和软壳蛋增多、种蛋孵化率下降等。

病禽肝、肾、甲状腺肿大、出血，有大量脂肪沉积；肠黏膜充血、出血。

【预　防】　①菜籽饼在日粮中应适量使用。不可使用发霉变质的菜籽饼。②1 日龄以内禽不可投喂有菜籽饼的日粮。30 日龄以上禽日粮中的菜籽饼含量要控制在 5% 以内。③将菜籽饼粉浸泡在清水中 24 小时，倒去浸液，再用清水漂洗 1～2 次，可去除大部分毒性。④菜籽饼粉放锅中用沸水煮 1 小时，煮时不断搅拌，后滤去煮液，再用清水漂洗 1 次，可去除 90% 以上毒性。⑤饲料中使用菜籽饼时，应适当加喂除白菜、油菜叶、白萝卜等十字花科植物以外的青绿饲料，有一定的防中毒作用。

【治　疗】　发现禽中毒要立即停喂含菜籽饼的饲料，同时采取以下治疗方法：①灌服适量牛奶或 0.5%～1% 鞣酸溶液，也可灌服适量豆浆或蛋清。②甘草 1 份，滑石 6 份，绿豆适量。加适量水煎汁，取汁，凉后供禽饮服或灌服，每天 1 剂，连用 3～5 天。

十、棉籽饼中毒

棉籽饼较廉价，供给广而量大，脱壳棉仁饼含粗蛋白质40%～44%，不脱壳的棉籽饼粗蛋白质含量20%～30%、粗纤维16%～20%，此外还含有大量脂肪等。棉籽饼中含有一定量的棉酚等，对家禽等动物的消化功能有破坏等有害作用，如超量使用，易引起中毒。

【病　因】 成年家禽一次性单喂30克带壳棉籽饼，会引发中毒。未脱毒或带壳棉籽饼，如大量、连续饲喂较长时间，可发生中毒。饲料中棉籽饼含量达7%～10%，连续饲喂10～15天，中毒就会发生。饲喂霉变或久贮的棉籽饼，中毒风险会增加。饲料中缺乏维生素、蛋白质、铁、钙，会促进和加重中毒的发生。

【症状及病变】 中毒禽精神不振，少食或不食，排黑褐色稀粪且粪便中混有血液；冠紫黑色，少许水肿；渐渐消瘦，贫血，生长发育迟缓，行走无力，结膜变蓝紫色，呼吸困难；产蛋禽产蛋量下降或停产，畸形蛋增多，种蛋受精率、死精率、无精率增多；失明或视力明显下降。严重中毒禽四肢瘫软无力，失去行走能力，抽搐，后衰竭死去。

病禽胃肠充血、出血；肝脏肿大，充血，黄色，质硬化；肾变软而脆，紫红色；胆囊变小，胆汁变浓；肺水肿，充血；心外膜有许多小出血点或有淤血斑，心肌松软；胸、腹腔有淡红色积液；血液变稀薄、浅红色。

【预　防】 ①严格控制棉籽饼用量，雏鸡、鸭在2%～3%以内，成鸡、鸭在5%～6%以内。不可长时间连续饲喂棉籽饼。②用脱壳棉仁饼喂鸡、鸭、鹅，可避免或减少中毒的发生。③棉籽饼使用前进行脱毒处理：A.棉籽饼粉放沸水中煮2～3小时，滤去煮液，再用清水浸洗1～2遍。B.每50千克棉籽饼拌入500克硫酸亚铁。C.将棉籽饼粉浸入2.5%硫酸亚铁溶液中24小时滤除浸液。

【治　疗】　若发现中毒或疑似中毒，要立即停用有棉籽饼的饲料，同时尽快采用以下方法治疗：①饲料中添加 0.5% 硫酸亚铁，连用 3 天，之后剂量减半再喂 7 天，并适当增量投饲青绿饲料。②硫酸镁，内服，成鸡、鸭 1.5～2 克，成鹅 3 克。③ 1% 阿托品多点皮下注射 0.1～0.25 毫升。④维生素 E，按每千克体重 40 毫克混饲，连用 7 天，之后按每千克体重 8 毫克，连用 13～15 天。⑤甘草、绿豆适量，加适量水煎汁，取汁，凉后供禽饮服或灌服，连用 5～6 天。⑥饮服或灌服适量牛奶，每天 1～2 次，连用 3～5 天。⑦大蒜捣成泥状，拌入适量芝麻油，灌服，每次 4～6 克，每天 1～2 次，连用 3～4 天。

参考文献

[1] 张贵林，等．禽病中草药防治技术［M］．北京：金盾出版社．1998.

[2] 王钧昌．畜禽病经效土偏方［M］．北京：金盾出版社．2004.

[3] 郑继方．中兽医诊疗手册［M］．北京：金盾出版社．2006.

[4] 张泉鑫，等．畜禽疾病中西医防治大全——禽病［M］．北京：中国农业出版社．2007.